Bent W. Brückner

Neue Methodik zur Modellierung und zum Entwurf keramischer Aktorelemente

Schriftenreihe des

Instituts für Angewandte Informatik / Automatisierungstechnik

am Karlsruher Institut für Technologie

Band 44

Neue Methodik zur Modellierung und zum Entwurf keramischer Aktorelemente

von
Bent W. Brückner

Dissertation, Karlsruher Institut für Technologie (KIT)
Fakultät für Maschinenbau
Tag der mündlichen Prüfung: 20. Dezember 2011
Referenten: Prof. Dr.-Ing. habil. Georg Bretthauer
Prof. Dr.-Ing. habil. Jürgen Wernstedt
apl. Prof. Dr.-Ing. habil. Ralf Mikut

Impressum

Karlsruher Institut für Technologie (KIT)
KIT Scientific Publishing
Straße am Forum 2
D-76131 Karlsruhe
www.ksp.kit.edu

KIT – Universität des Landes Baden-Württemberg und nationales
Forschungszentrum in der Helmholtz-Gemeinschaft

KIT Scientific Publishing 2012
Print on Demand

ISSN: 1614-5267
ISBN: 978-3-86644-824-7

Wir müssen nichts so machen, wie wir's kennen,
nur weil wir's kennen, wie wir's kennen.
Wir können das vermeiden, indem wir uns anders entscheiden.

DIE STERNE *"Nichts wie wir's kennen"*
(Album: "Wo ist hier", 1999)

Danksagung

Die vorliegende Arbeit beruht auf Erkenntnissen und Erfahrungen, die ich in Forschungs- und Entwicklungsprojekten am Fraunhofer IKTS erlangt habe.

Professor Bretthauer danke ich für die große Begeisterung, die er der Thematik entgegengebracht hat und für die Übernahme des Hauptreferats. Professor Mikut möchte ich für die hervorragende fachliche Betreuung sowie kritische Kommentierung, die Übernahme des zweiten Korreferats und für die oftmals an Wochenenden aufgebrachte Zeit sehr danken. Professor Wernstedt danke ich für die Übernahme des ersten Korreferats.

Mein besonderer Dank gilt Dr. Schönecker für die exzellente Förderung und (nicht nur fachliche) Unterstützung bei meiner Arbeit am Fraunhofer IKTS in Dresden. Des Weiteren möchte ich mich bei allen Mitarbeiterinnen und Mitarbeitern der Abteilung "Intelligente Materialien und Systeme" für die angenehme Arbeitsatmosphäre und für die schöne Zeit bedanken. Insbesondere gilt mein Dank den studentischen Mitarbeitern Ludwig Hähne, Susann Beyersdorfer, Martin Wagner und Thomas Bettermann für die tatkräftige Unterstützung bei der Erstellung der Softwaremodule und die Umsetzung der Messschaltung.

Mein innigster Dank geht an meine Frau Yvonne Kaden für die grenzenlose Geduld, das Ertragen meiner zeitweisen Frustration(en) und das sehr hilfreiche Korrekturlesen der Arbeit. Meinem Sohn Mato Kaden danke ich für die entspannenden Stunden und wunderschönen Momente. Unendlich dankbar bin ich meinen Eltern Amrei und Wieland Brückner für die kontinuierliche Förderung und Unterstützung auf meinem gesamten Lebensweg.

Dresden, im Dezember 2011

Inhaltsverzeichnis

Symbole und Abkürzungen

Symbole

a_n	Polynom mit Index n
A	Fläche [m^2]
b_n	Polynom mit Index n
c	natürliche Zahl, Indexvariable
C	Kleinsignal-Kapazität [F]
C_a	Glättungskapazität [F]
C_p	Ersatzkapazität, Ersatzparameter [F]
C_1	Koppelkapazität [F]
d_c	Distanz zur c-ten Gruppe (Klasse) der Ausgangsgröße
d_{31}	Piezokoeffizient (31-Richtung, $s \perp P$) [m/V]
d_{33}	Piezokoeffizient (33-Richtung, $s \parallel P$) [m/V]
d_{33}^*	Großsignal-Piezokoeffizient (33-Richtung, $s \parallel P$) [m/V]
$\mathbf{d}$	Tensor des Piezokoeffizienten [m/V]
$\tilde{\mathbf{D}}$	Vektor der dielektrischen Verschiebung [C/m^2]
$\mathbf{e}$	Tensor des Elastizitätskoeffizienten (E-Modul) [N/m^2]
E	elektrische Feldstärke [V/m]
E_{max}	maximale elektrische Feldstärke [V/m]
E_n^{max}	Maximum in der n-ten Signalperiode [V]
E_n^{min}	Minimum in der n-ten Signalperiode [V]

$E_{W_{max}}$	elektrische Feldstärke bei W_{max} [V/m]
E_0	elektrische Feldstärke zum Zeitpunkt $t = 0$ [V/m]
$\tilde{\mathbf{E}}$	Vektor der elektrischen Feldstärke [V/m]
f	(Mess)frequenz [Hz]
f_F	Faktor Filter
f_H	Faktor Histogramm
G	Leitwert [S]
G_I	Grenzwert für die Summe der Vorzeichen in einem Intervall
$\mathbf{G}$	Graph
H	Messwertdifferenz bei $\frac{1}{2}E_{max}$
I	elektrischer Strom [A]
I_{nach}	Intervall nach einem Vorzeichenwechsel
I_{vor}	Intervall vor einem Vorzeichenwechsel
I_{C_p}	kapazitiver Stromanteil [A]
I_L	Verluststrom [A]
$I_{R_{iso}}$	Stromanteil aus Isolationswiderstand R_{iso} [A]
k	Krümmung einer Kurve
K_n	Korrelationskoeffizient des n-ten Abschnitts
l_0	Elektrodenabstand [m]
L_I	Länge des Intervalls I_{vor} bzw. I_{nach}
m	natürliche Zahl, Indexvariable
m_y	Anzahl der Gruppen (Klassen) der Ausgangsgröße
M	Anzahl Messwerte
n	natürliche Zahl, Indexvariable
N	Anzahl Abschnitte (Frames), Datentupel

p	natürliche Zahl, Indexvariable
P	Polarisation $[C/m^2]$
$\mathbf{P}$	Menge von Punkten (Knoten)
$\tilde{\mathbf{P}}$	Vektor der Polarisation $[C/m^2]$
q	Fuzzifier bei Clusterverfahren
Q	Ladung $[C]$
$Q_{Cluster}$	Bewertungsmaß bei der (scharfen) Clusterung
$Q_{Cluster-Fuzzy}$	Bewertungsmaß bei der Fuzzy-Clusterung
$Q_{R_{iso}}$	Ladung aus dem Stromanteil des Isolationswiderstands R_{iso} $[C]$
Q_{Trenn}	Trennungsgrad
R_{iso}	Isolationswiderstand $[\Omega]$
R_{iso}^{limit}	Grenzwiderstand $[\Omega]$
R_{iso}^{max}	erwarteter maximaler Isolationswiderstand $[\Omega]$
R_{iso}^{min}	erwarteter minimaler Isolationswiderstand $[\Omega]$
$R_{Messung}$	gemessener Isolationswiderstand $[\Omega]$
R_p	Ersatzwiderstand, Ersatzparameter $[\Omega]$
R_1	Vorwiderstand $[\Omega]$
R_2	Vorwiderstand $[\Omega]$
R_3	Messwiderstand (Shuntwiderstand) $[\Omega]$
s	Dehnung
$\mathbf{s}$	Tensor der mechanischen Dehnung
S_H	Schwellwert für Histogramm
S_F^{max}	Schwellwert Maxima für Filter
S_F^{min}	Schwellwert Minima für Filter
t	Zeit $[s]$

$tan\ \delta$	Verlustfaktor (loss tangent, dissipation factor)
t_n	n-te Zeitmarke der Herstellungsphase
T	Periodendauer des Ansteuersignals
$T_{E_{max},n}$	Zeitpunkt von E_{max} in der n-ten Periode
T_C	Curie-Temperatur [°C]
T_n	n-te Zeitmarke der Belastungsphase
U	elektrische Spannung [V]
U_{AC}	elektrische Wechselspannung [V]
$U_{AC,m}$	m-ter Messwert der elektrischen Wechselspannung [V]
U_{DC}	Belastungsgröße elektrische Hochspannung (VDC) [V]
U_{iso}	elektrische Spannung (VDC) am Untersuchungsobjekt (DUT) [V]
U_{R_2}	Spannung am Widerstand R_2 [V]
U_{R_3}	Spannung am Widerstand R_3 [V]
$U_{R_3,m}$	m-ter Messwert der Spannung am Widerstand R_3 [V]
$\overline{U}_{R_3,n}$	arithmetischer Mittelwert der Spannung $U_{R_3,m}$ im n-ten Frame
U_0	Amplitude elektrische Spannung [V]
$V_{nach,n}$	n-tes Vorzeichen im Intervall I_{nach}
$V_{vor,n}$	n-tes Vorzeichen im Intervall I_{vor}
$\mathbf{V}$	Menge von Verbindungen (Kanten)
w	Auslenkung [m]
$W_{E_{max}}$	Messwert bei E_{max}
W_{max}	maximaler Messwert
W_{offset}	Wertedifferenz bei E_0
W_{E_0}	Messwert bei E_0
$W_{E_0,n}$	Messwert bei E_0 im n-ten Abschnitt

$\mathbf{x}$	Vektor der Merkmale
$\bar{\mathbf{x}}_c$	Mittelwert der Merkmale für Gruppe (Klasse) c
$\bar{\mathbf{X}}$	Matrix der Merkmale (Mittelwert)
y	mathematische Funktion (Kurve)
$\hat{y}$	Vektor der skalaren Ausgangsgröße (Schätzung)
z_n	komplexes Polynom $a_n + ib_n$ mit Index n
Z_{C_1}	Impedanz von C_1 [Ω]
Z_p	Impedanz des Untersuchungsobjekts (DUT) [Ω]
δ	Verlustwinkel (loss angle) [°]
ε	Permittivitätszahl (Dielektrizitätszahl) [F/m]
ε_0	elektrische Feldkonstante (Dielektrizitätszahl für Vakuum) [F/m]
ε'	Realteil der komplexen Permittivitätszahl $(\varepsilon = \varepsilon' + i\varepsilon'')$ [F/m]
$\boldsymbol{\varepsilon}$	Tensor der Permittivitätszahl (Dielektrizitätszahl) [F/m]
θ	Winkel des Leistungsfaktors (power factor angle) [°]
$\boldsymbol{\mu}_\mathbf{y}$	Matrix der fuzzifizierten Ausgangsgröße
μ_{B_c}	Zugehörigkeitsfunktion zur c-ten Gruppe (Klasse) der Ausgangsgröße
$\boldsymbol{\sigma}$	Tensor der mechanischen Spannung [N/m^2]
Φ	Phasenwinkel zwischen U_{R_3} und U_{AC} [°]
ω	Kreisfrequenz $(2\pi f)$ [1/s]
i	imaginäre Einheit $(i^2 = -1)$

Abkürzungen

AD-Wandler	Analog-Digital-Wandler
AFM	Rasterkraftmikroskopie (Atomic Force Microscopy)

bspw.	beispielsweise
bzgl.	bezüglich
bzw.	beziehungsweise
BNT	Bismut-Natrium-Titanat
BT	Barium-Titanat
ca.	cirka
Cu-Mesh	Kupfergewebe
DFG	Deutsche Forschungsgemeinschaft
DIAPM	Dipartimento di Ingegneria Aerospaziale – Politecnico di Milano
DUT	Untersuchungsobjekt (Device Under Test)
etc.	et cetera
EU	Europäische Union
FCM	Fuzzy-C-Mean
FIFO	First-In First-Out
GUI	graphische Benutzeroberfläche (Graphical User Interface)
HT	Hochdurchsatz (High Throughput)
HTC	Hochdurchsatzcharakterisierung (High Throughput Characterisation)
HTE	Hochdurchsatzexperimente (High Throughput Experiments)
HV	Hochspannung, Hochvolt (High Voltage)
ID	Identifizierer
IKTS	Fraunhofer-Institut für Keramische Technologien und Systeme
I/O	Eingabe und Ausgabe (Input / Output)
konst.	konstant
KNN	Kalium-Natrium-Niobat
LN	Lithium-Niobat

LTCC	Low Temperature Cofired Ceramics
MEMS	Mikrosystem (**M**icro-**E**lectro-**M**echanical-**S**ystems)
MPB	morphotrope Phasengrenze (**M**orphotropic **P**hase **B**oundary)
MS	Microsoft$^®$
PAMTool	**P**iezo **A**ctuator **M**onitoring **Tool**
PC	Personal Computer
PPC	Mikroprozessor-Architektur PowerPC
PMN	Blei-Magnesium-Niobat
PZN	Blei-Zink-Niobat
PZT	Blei-Zirkonat-Titanat
RC-Glied	Parallelschaltung von Widerstand und Kondensator
RoHS	**R**estriction of the Use **of** Certain **H**azardous **S**ubstances
RTAI	**R**eal **T**ime **A**pplication **I**nterface
SAW	Oberflächenwellen (**S**urface **A**coustic **W**ave)
TkC	Temperaturkoeffizient der Kapazität
UML	vereinheitlichte Modellierungssprache (**U**nified **M**odeling **L**anguage)
USA	Vereinigte Staaten von Amerika (**U**nited **S**tates of **A**merica)
vgl.	vergleiche
VAC	Wechselspannung (**V**oltage in **A**lternating **C**urrent)
VDC	Gleichspannung (**V**oltage of **D**irect **C**urrent)
XML	erweiterbare Auszeichnungssprache (**E**xtensible **M**arkup **L**anguage)
XRD	Röntgendiffraktometrie (**X-R**ay **D**iffraction)
x86	Mikroprozessor-Architektur x86
x86-64	Mikroprozessor-Architektur x86 mit 64-bit
z.B.	zum Beispiel

1 Einleitung

1.1 Motivation

Fortgeschrittene Produkte des Maschinen-, Anlagen-, Geräte- und Fahrzeugbaus stellen mechatronische Systeme dar, welche durch die Integration von mechanischen, elektrischen und informationsverarbeitenden Komponenten charakterisiert sind [94]. Aktive Werkstoffe sind dabei ein Schlüssel zur erhöhten Integration und Funktionalitätserweiterung. Die in der industriellen Praxis am weitesten verbreitete Materialgruppe aktiver Werkstoffe sind piezoelektrische Keramiken [157]. Piezokeramiken zeichnen sich durch eine elektromechanische Kopplung aus, welche sowohl aktorisch als auch sensorisch genutzt werden kann [183], [147], [25]. In dieser Arbeit werden ausschließlich piezokeramische Werkstoffe und ihr Einsatz für Aktoranwendungen betrachtet.

Die Einsatzfelder von piezokeramischen Aktoren erstrecken sich über viele Anwendungsbereiche. Neben den seit Jahrzehnten etablierten Anwendungen für die Mikro- und Nanopositionierung [37], [216], als Schallgeber/-empfänger (Akustik und Ultraschall) [163] und in Druckköpfen [67] kommen zunehmend Anwendungen im klassischen Maschinen- und Fahrzeugbau hinzu [191], [192], [229], [166], [21], [27], [146], [144], [23], [24], [145], [50]. Insbesondere ist hier die Leitanwendung in Einspritzventilen für Kraftstoff-Motoren [68], [167] zu nennen. Auch in der Fluidtechnik bei hydraulischen Ventilen [175], in Drehmaschinen der Metallverarbeitung [84], [1] und in Belichtungsanlagen für Silizium-Wafer [161] kommen Piezoaktoren zum Einsatz.

Die aktuelle Weiterentwicklung auf dem Gebiet der piezokeramischen Aktoren ist durch zwei Tendenzen geprägt. Zum einen werden viele Einsatzmöglichkeiten in der Mikroaktorik und bei Mikrosystemen (MEMS) vorangetrieben. Zum anderen wird die durch EU-Gesetzgebung geforderte Entwicklung von bleifreien Aktorwerkstoffen fokusiert [178], [52]. Beide Themenfelder verlangen nach effektiven Methoden und zielgerichteten Messsystemen, welche die Entwicklung piezokeramischer Elemente unterstützen und ihre Charakterisierung verbessern.

Dem gesamten Applikationsfeld der Mikroaktorik und MEMS wird in Zukunft große Bedeutung zugeschrieben [86], [66]. Beispielapplikationen sind hier mikrofluidische und mikrooptische Systeme [71], [42]. Der Einsatz solcher Systeme in sicherheitskritischen Umgebungen ist zu erwarten [65]. Die Aktorik im Bereich der MEMS ist hoch integriert. Die aktorischen Komponenten sind auf die jeweilige Anwendung optimiert und unterscheiden sich daher in Design, Geometrie und Werkstoffauswahl. Somit sind spezifische Tests für die jeweilige Anwendung durchzuführen. Sie beinhalten detaillierte Untersuchungen zu den Einsatz- und Schädigungsgrenzen des piezokeramischen Materials und der daraus aufgebauten Bauteile im Sinne einer "Robustness Validation" [65].

Die Entwicklung neuer, bleifreier Aktorwerkstoffe mit anwendungsrelevanten Eigenschaftsprofilen ist eine große Herausforderung für die Werkstoffwissenschaft. Für die neuen Werkstoffe existiert auf Grund fehlender Erfahrung mit den Materialsystemen und der schwierigen Prozessierung sehr wenig Wissen über sich in der Keramik einstellende Eigenschaftsprofile und das Verhalten unter Betriebsbedingungen. Daher ist es besonders bei der Herstellung großer Probenanzahlen notwendig, hochdurchsatzfähige Messsysteme und eine effektive, (semi)automatische Analyse der Messdaten zu etablieren.

Die in der vorliegenden Arbeit entwickelte Methodik zur Behandlung von Mess- und Entwicklungsdaten, die verbesserte Analyse von Großsignal-Messkurven sowie das neue Messsystem sollen einen Beitrag hierzu leisten. Des Weiteren soll die frühzeitige, anwendungsspezifische Erkennung von Schadensvorgängen und Alterungserscheinungen auf Komponentenebene unterstützt werden. Der gewählte Ansatz setzt bereits beim Materialentwicklungsprozess an und reicht bis über die Bauteilentwicklung hinaus. Ein Beitrag zur Implementierung von (Selbst)überwachungs- bzw. von Diagnosesystemen zur kontinuierlichen Funktionsüberwachung über den Lebenszyklus wird damit geleistet.

1.2 Stand der Technik

Aufbauend auf der in Abschnitt 1.1 dargelegten Motivation ist der Stand der Technik und Wissenschaft in folgenden Themengebieten für die vorliegende Arbeit von besonderem Interesse:

- Stand der Forschung zu den spezifischen Eigenschaften und den physikalischen Effekten in piezokeramischen Werkstoffsystemen

- Entwicklungsstand bei piezokeramischen Materialien für aktorische Anwendungen

- weitreichende Kenntnisse zu Kenngrößen und Messverfahren für die Charakterisierung von Piezokeramik

- detailliertes Wissen zur derzeitig eingesetzten Entwicklungsmethodik bei der Material- und Bauteilentwicklung piezokeramischer Aktorelemente

- aktueller Stand der Technik bei der Auswertung von Mess- und Entwicklungsdaten sowie die Kenntnis moderner Methoden und Werkzeuge des Data Mining.

1.2.1 Koppeleffekt in Dielektrika

Dielektrika, zu denen die hier betrachteten Piezokeramiken zählen, sind als Materialien definiert, die im elektrischen Feld einen hohen Isolationswiderstand aufweisen. Ein äußeres elektrisches Feld führt zu einer Polarisation. Sie wird Verschiebungspolarisation genannt, wenn das elektrische Feld nur für dessen Zeitdauer zu einer Dipolwirkung führt. Auf Grund der Feldwirkung wird das Material verformt. Die Verformung wird als elektrostriktiver Effekt bezeichnet. Materialien, bei denen eine signifikant größere lineare Kopplung zwischen elektrischem Feld und Geometrie (Dehnung) die Elektrostriktion überlagert, heißen Piezoelektrika. Bei einem Ferroelektrikum lässt sich im Material zusätzlich eine Orientierungspolarisation erzeugen. Die Orientierungspolarisation ist durch permanente Dipole charakterisiert. Für den Zusammenhang von dielektrischer Verschiebung $\tilde{\mathbf{D}}$ und den Größen Polarisation $\tilde{\mathbf{P}}$ sowie der äußeren elektrischen Feldstärke $\tilde{\mathbf{E}}$ kann allgemein die Formel [90]

$$\tilde{\mathbf{D}} = \tilde{\mathbf{P}}(\tilde{\mathbf{E}}) + \varepsilon_0 \tilde{\mathbf{E}} \qquad (1.1)$$

mit der elektrischen Feldkonstante ε_0 angegeben werden. Der funktionale Zusammenhang zwischen Polarisation und elektrischem Feld $\tilde{\mathbf{P}}(\tilde{\mathbf{E}})$ wird durch die Summe der einzelnen Kopplungseffekte im Material bestimmt. Die Wirkung des elektrischen Feldes führt in einigen Dielektrika, sogenannten Antiferroelektrika, zu Phasenumwandlungen. Antiferroelektrika zeigen durch die feldinduzierte Gitterumordnung eine stark nichtlineare Geometrieänderung [157], [18], [101], [211].

Als Werkstoff für piezokeramische Aktoren werden derzeit zumeist Ferroelektrika eingesetzt. Sie bilden intrinsisch eine kristalline, perowskite Struktur aus. Die Kristallite bilden endliche Bereiche im sub-Mikrometerbereich mit gleicher Spontanpolarisation, sogenannte Domänen. Mehrere Domänen siedeln sich in als Körner bezeichneten Zusammenschlüssen an. Zwischen den einzelnen Domänen in den Körnern bilden sich kristalline Mischgebiete von der Größe mehrerer Elementarzellen aus. Die kristallographische Konfiguration der Übergangsbereiche ist durch das lokale Energiegleichgewicht zwischen den einzelnen Atomen der Grenzflächen bestimmt. Die Grenzvolumina zwischen den Körnern werden als Korngrenzen bezeichnet. In den Korngrenzen lagern sich Verunreinigungen aus den Herstellungsrohstoffen und nicht zu Kristalliten umgesetzte Materialbestandteile ab [98].

Typische aktorisch genutzte Materialsysteme sind Barium-Titanat (BT) und das am häufigsten eingesetzte Blei-Zirkonat-Titanat (PZT). PZT bildet die Basiszusammensetzung für eine große Zahl verfügbarer Aktorwerkstoffe. Sie zeichnen sich durch spezielle Modifikationen (Dotierungen) und Zusatzstoffe im Materialsystem PZT aus. Damit ist es möglich, das Eigenschaftsprofil der Keramik an die Anforderungen verschiedener Applikationen anzupassen. So können insbesondere das Temperaturverhalten, die Permittivitätszahl, die Dehnungseigenschaften und der elektrische Widerstand eingestellt werden [31]. Die Eigenschaften werden nach der europäischen Norm EN-50324 kategorisiert. Eine andere weit verbreitete Kategorisierung ist die nach dem USA-Militärstandard, welcher die Werkstoffe in NavyTypes I bis VI einteilt [140].

Die im Vergleich zu anderen Materialien besonders hohen dielektrischen und elektromechanischen Kennwerte des PZT beruhen auf einer Phasenkoexistenz, der sogenannten morphotropen Phasengrenze (MPB). Als MPB wird ein Gebiet im Phasendiagramm bezeichnet, bei dem eine Koexistenz von zwei Phasen mit verschiedener Symmetrie in der Elementarzelle existiert. Bei PZT ist es die tetragonale und die rhomboedrische Phase.

In dem Mischgebiet sind insgesamt 14 verschiedene Polarisationsrichtungen (sechs tetragonale und acht rhomboedrische) möglich, was bei der Applikation eines elektrischen Feldes zu sehr großen Domänenwandbewegungen (Dehnung) und der damit verbundenen Polarisation des Materials führt. Die Domänenwandbewegungen werden für die Begründung der großen dielektrischen und elektromechanischen Kennwerte im Gebiet der MPB herangezogen. Die MPB ist zudem bei PZT-Werkstoffen sehr temperaturkonstant, so dass ein Einsatz über weite Temperaturbereiche möglich ist [31].

Neben ferroelektrischen Materialien werden für spezielle Anwendungen auch Materialien mit zentro-symmetrischen, unpolarem Domänenaufbau eingesetzt. Die aktorische Funktion beruht hier rein auf dem elektrostriktiven Effekt. Ein Beispiel sind Aktoren auf der Basis von Blei-Magnesium-Niobat (PMN) [163].

Derzeit werden antiferroelektrische Materialien nicht im Bereich der Aktorik eingesetzt. Der antiferroelektrische Effekt ist für die weiteren Betrachtungen in der vorliegenden Arbeit dennoch von Interesse. In Hinblick auf die Entwicklung neuer, bleifreier Aktorwerkstoffe sind Kenntnisse zu den Materialsystemen und deren Eigenschaften nur sehr begrenzt vorhanden. Vor allem der Einfluss der Rohstoffe, die Wirkung von Dotierung sowie der Zusammenhang zwischen Prozessierung und Eigenschaftsprofil der hergestellten Keramik sind wenig erforscht. Antiferroelektrisches Materialverhalten kann in neuen Materialien also durchaus vorkommen. Es muss identifiziert und charakterisiert werden, so dass das Einsatzpotenzial für aktorische Anwendungen eingeschätzt werden kann. Deshalb ist es wichtig, ein breites Spektrum möglicher Kopplungseffekte und deren Eigenschaften zu betrachten. Hierzu werden sie im Folgenden kurz vorgestellt.

1.2.1.1 Elektrostriktion

In allen Dielektrika kommt es durch Anlegen eines elektrischen Feldes zu einer Längenänderung in Richtung des Feldes. Der Effekt wird als Elektrostriktion bezeichnet. Er beruht auf der durch das elektrische Feld verursachten mechanischen Spannungswirkung (Maxwell'sche Spannung) auf den mikroskopischen Aufbau des Dielektrikums. Der Zusammenhang zwischen elektrischem Feld E und auftretender Dehnung s ist bei geringen elektrischen Feldern quadratisch und geht für höhere Feldstärken in einen Sättigungsbereich über. Das Material dehnt sich in Feldrichtung. Der Effekt ist hysteresebehaftet. Die Abbildung 1.1 zeigt das typische Materialverhalten.

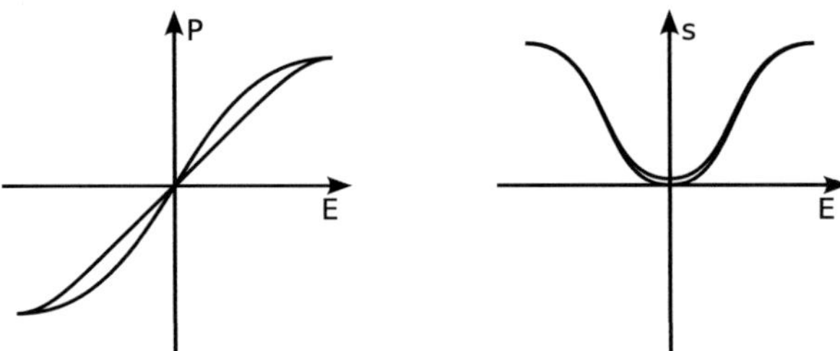

Abb. 1.1: Elektrostriktion: typischer Verlauf der Polarisation P (links) und der Dehnung s (rechts) bei Applikation eines elektrischen Feldes E

Im Allgemeinen ist der Effekt in Dielektrika sehr klein und wird technisch kaum genutzt. Ferroelektrika in der paraelektrischen Phase zeigen elektrostriktive Dehnungen, die auch technisch genutzt werden. Beispiele hierfür sind Blei-Magnesium-Niobat (PMN) und Blei-Zink-Niobat (PZN), bei denen der elektrostriktive Effekt bei ca. 0.1% liegt. Der Temperatureinsatzbereich ist zumeist sehr begrenzt [244], [157], [79].

1.2.1.2 (Inverser) piezoelektrischer Effekt

Grundvoraussetzung für piezoelektrisches Verhalten ist ein unsymmetrischer Kristallaufbau. Auf Grund des fehlenden Symmetriezentrums besitzen die Materialien eine polare Achse. Hieraus ergibt sich bei mechanischer Verformung eine Verschiebung der elektrischen Ladungsschwerpunkte in jeder Elementarzelle. Die Zellen bilden ein Dipolmoment aus. Die daraus resultierende Aufladung der Kristalloberfläche ist als Piezoeffekt bekannt. Die Umkehrung wird als inverser Piezoeffekt bezeichnet und in Aktoren genutzt. Beide Effekte sind wie in Abbildung 1.2 gezeigt linear und hysteresefrei [232], [90], [93].

Für die mathematische Formulierung der piezoelektrischen Kopplung werden die Größen mechanische Spannung σ, Dehnung s, elektrische Feldstärke $\tilde{E}$ und die dielektrische Verschiebung $\tilde{D}$ eingeführt. Als materialabhängige Proportionalitätsfaktoren wer-

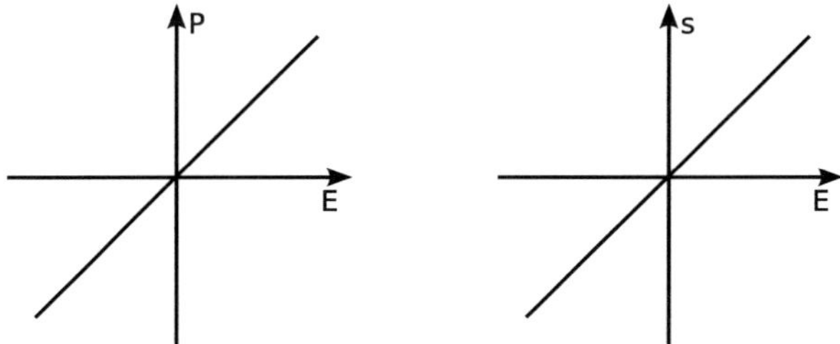

Abb. 1.2: Piezoelektrischer Effekt: (linearer) Verlauf der Polarisation P (links) und der Dehnung s (rechts) bei Applikation eines elektrischen Feldes E

den die Permittivitätszahl (Dielektrizitätszahl) ε, der Elastizitätskoeffizient $\mathbf{e}$ und der Piezokoeffizient $\mathbf{d}$ definiert. Auf Grund der Anisotropie des piezoelektrischen Effekts sind $\tilde{\mathbf{E}}$ und $\tilde{\mathbf{D}}$ vektorielle Größen und σ, $\mathbf{s}$, ε, $\mathbf{e}$ sowie $\mathbf{d}$ bilden Tensoren. Es lassen sich hiermit die Gleichungen (1.2) für den direkten und (1.3) für den indirekten piezoelektrischen Effekt formulieren [105]. Die hochgestellten Indizes bedeuten, dass die jeweilige Größe konstant gehalten wird. So steht beispielsweise $\mathbf{e}^{\tilde{\mathbf{E}}}$ für den Elastizitätstensor bei konstantem elektrischen Feld.

$$\tilde{\mathbf{D}} = \mathbf{d}\,\sigma + \varepsilon^{\sigma}\,\tilde{\mathbf{E}} \tag{1.2}$$

$$\mathbf{s} = \mathbf{e}^{\tilde{\mathbf{E}}}\,\sigma + \mathbf{d}\,\tilde{\mathbf{E}} \tag{1.3}$$

Die allgemeine Definition des besonders für die Aktorik wichtigen Piezokoeffizienten d_{mn} ist mit

$$d_{mn} = \frac{\delta s_n}{\delta E_m} \tag{1.4}$$

gegeben. Die Indexvariablen m und n stehen für die Koordinaten der richtungsabhängigen Größen. Dabei werden die Koordinaten im Allgemeinen mit den Ziffern 1, 2 bzw. 3 für die x, y bzw. z-Achse eines rechtwinkligen Systems angegeben. Die Ziffern 4, 5 bzw. 6 kennzeichnen die Scherung an den Achsen 1, 2 bzw. 3 [105], [107].

1.2.1.3 Ferroelektrischer Effekt

Alle ferroelektrischen Materialien sind auch piezoelektrisch. Somit sind Ferroelektrika durch eine spontane Polarisation gekennzeichnet. Das polare Material weist ohne die Anwesenheit eines äußeren elektrischen Feldes mindestens zwei stabile Orientierungen der Dipole im Kristallgitter auf. Durch ein äußeres elektrisches Feld ausreichender Größe (Koerzitivfeldstärke) kann eine Umorientierung der Polarisation in Richtung des äußeren elektrischen Feldes erreicht werden. Es resultiert eine remanente Polarisation in Feldrichtung. Ein weiteres Merkmal der Ferroelektrika ist die Temperaturabhängigkeit. Oberhalb einer werkstoffspezifischen Übergangstemperatur (Curie-Temperatur (T_C)) bilden die Materialien eine zentro-symmetrische, nichtpolare Gitterstruktur aus und zeigen paraelektrische Eigenschaften. Nach der Fertigung (Sinterung) weisen die Domänen eines ferroelektrischen Materials eine statistische Ausrichtung auf, so dass makroskopisch keine Polarisation feststellbar ist. Für den Einsatz als Aktorwerkstoff ist eine Ausrichtung der Domänen notwendig. Durch die Applikation eines elektrischen Feldes mit einer Amplitude oberhalb der Koerzitivfeldstärke wird die permanente Ausrichtung der Domänen erzielt. Der Vorgang wird als Polung bezeichnet und ist in Abbildung 1.3 durch die gepunktete Linie dargestellt [18], [5], [183].

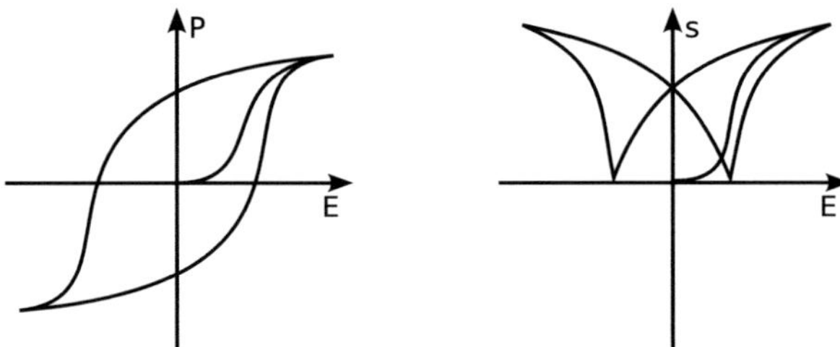

Abb. 1.3: Ferroelektrischer Effekt: typischer Verlauf der Polarisation P (links) und der Dehnung s (rechts) eines Ferroelektrikums beim Anlegen eines elektrischen Feldes E

Das Dehnungs- und Polarisationsverhalten unter Einwirkung eines elektrischen Feldes ist hysteresebehaftet. Ursachen für die Hysterese sind hauptsächlich Reibungseffekte und innere Verspannungen (Pinning Effekte) im Domänenaufbau des Materials. Der ferroelektrische Effekt ist immer durch den elektrostriktiven und den piezoelektrischen Effekt überlagert.

1.2.1.4 Antiferroelektrischer Effekt

Antiferroelektrika sind ebenfalls durch Domänen mit spontaner Polarisation gekennzeichnet. Im Unterschied zu Ferroelektrika sind die Domänen nicht parallel sondern antiparallel ausgerichtet. Es bilden sich mindestens zwei Untergitter aus, die nach außen hin keine Polarisation aufweisen. Die Einstellung der antipolaren Anordnung wird im thermodynamischen Modell durch eine günstigere (geringere) Gesamtenergie erklärt. Da der polare, ferroelektrische Gleichgewichtszustand energetisch sehr nah am antipolaren Zustand liegt, kann durch ein äußeres elektrisches Feld eine Umordnung hin zum polaren Zustand erzeugt werden. Die feldinduzierte Phasenumwandlung ist mit einer Geometrieveränderung (Dehnung) verbunden, welche eine sehr charakteristische Hystereseform zeigt. Auch bei Antiferroelektrika wird eine Curie-Temperatur (T_C) beobachtet [105], [157]. Der Effekt wird beispielsweise in Perowskiten wie Blei-Zirkonat, Natrium-Niobat oder Blei-Hafnat beobachtet. Des Weiteren wird der Effekt in neueren Publikationen an Bismut-Natrium-Titanat (BNT) beschrieben und als Giant Strain Effekt bezeichnet [241], [238]. Anwendung finden Antiferroelektrika als Speicherkondensatoren und als elektroakustische Umformer.

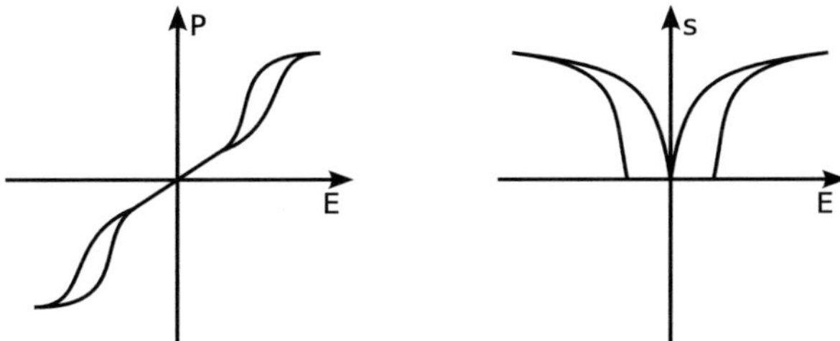

Abb. 1.4: Antiferroelektrischer Effekt: typischer Verlauf der Polarisation P (links) und der Dehnung s (rechts) über dem angelegten elektrischen Feld E

1.2.2 Kenngrößen

Die folgenden Ausführungen beziehen sich auf Ferroelektrika und Antiferroelektrika. Nur in diesen Materialgruppen konnten zum aktuellen Stand der Wissenschaft Materialien gefunden werden, die für den Einsatz als Aktorwerkstoff geeignete Eigenschaftsprofile mit hoher elektromechanischer Kopplung, geringer Leitfähigkeit und hoher Robustheit besitzen. Für die umfassende Beschreibung von Ferroelektrika ist es notwendig, die zwei Signalbereiche Klein- und Großsignal zu unterscheiden. Kleinsignal-Verhalten liegt vor, wenn die gemessenen Kennwerte unabhängig von der Spannungsamplitude des aufgeprägten Messsignals sind [53]. Erfahrungsgemäß wird die Grenzfeldstärke mit $10\,\text{V/mm}$ angegeben [157]. Der Kleinsignal-Bereich erhält hauptsächlich Informationen zu den intrinsischen Materialeigenschaften. Das heißt Informationen, die auf der Wirkung des elektrischen Feldes in den kristallinen Bereichen des Materials beruhen (piezoelektrischer Effekt). Das Großsignal-Verhalten ist durch die extrinsischen Materialeigenschaften bestimmt (ferroelektrischer Effekt). Die Charakteristik der Domänen, der Körner und Korngrenzen dominiert hier das Materialverhalten [43], [45], [44].

1.2.2.1 Kleinsignal

Es wird von einem Dielektrikum im elektrischen Wechselfeld $U = U_0 e^{i\omega t} = U_0(\cos(\omega t) + i\sin(\omega t))$ mit $\omega = 2\pi f$ ausgegangen. Die makroskopischen Eigenschaften von Dielektrika im Kleinsignal können in guter Näherung durch Parallelschaltung einer Kapazität und eines Ohmschen Widerstandes abgebildet werden. Der kapazitive Anteil führt zu einem Strom von $I_{C_p} = dQ/dt = i\,\omega C_p U$, welcher der Spannung um $90°$ voraus eilt. Für dielektrische Materialien ergibt sich hierbei der Kapazitätswert C_p aus der materialspezifischen Permittivitätszahl ε und der Geometrie. Parallel dazu wird der Verluststrom I_L als ein in Phase mit der Spannung U fließender Anteil $I_L = GU$ abgebildet, wobei G der Leitwert ist. Es ergibt sich der Gesamtstrom zu $I = I_{C_p} + I_L = (i\omega C_p + G)U$. Die Phasenlage des Gesamtstromes muss damit im Bereich von $0°$ bis $90°$ liegen. Der Phasenwinkel gegenüber der Spannung U wird auch als Winkel des Leistungsfaktors (power factor angle) θ bezeichnet. Üblich ist auch die Benutzung des Verlustwinkels (loss angle) δ, der sich aus dem Winkel des Gesamtstromes gegen die i-Achse der komplexen Ebene definiert und oftmals als Verlustfaktor (dissipation factor, loss tangent) $\tan \delta = I_L/I_{C_p} = 1/\omega R_p C_p$ angegeben wird. Die Abbildung 1.5 illustriert die Modellvorstellung und die Definition des Verlustwinkels [90]. Aus dem Kapazitätswert lässt sich bei Kenntnis der Geometrie des Untersuchungsobjekts (DUT) über die Kondensatorgleichung die Permittivitätszahl ε des Materials berechnen. Das Modell wird in den folgenden Darstellungen (insbesondere in Kapitel 3) zur Beschreibung der Materialeigenschaften im Kleinsignal genutzt.

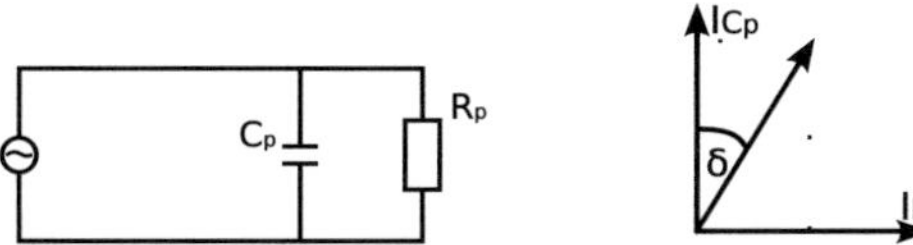

Abb. 1.5: links: RC-Glied als Kleinsignal-Ersatzschaltbild, rechts: Stromvektor zur Definition des Verlustwinkels δ

Zur messtechnischen Bestimmung der Kleinsignal-Kenngrößen werden kommerzielle Messgeräte eingesetzt. Sie erlauben zumeist eine Messwertbestimmung bei wählbarer Frequenz. Üblich sind Frequenzen von 100 Hz, 1 kHz, 10 kHz und 100 kHz. Zur kontinuierlichen Analyse des Kleinsignal-Verhaltens über der Frequenz werden sogenannte Impedanz-Spektroskope, wie das weit verbreitete HP 4194A, benutzt. Der spektroskopische Messbereich liegt zwischen 100 Hz und mehreren MHz. Wird die Kleinsignal-Messung unter Variation der Temperatur durchgeführt, heißt sie TkC-Messung. Der erfasste Kleinsignal-Verlauf über der Temperatur wird für die Ermittlung von Phasenübergangstemperatur(en) genutzt. Speziell wird der Phasenübergang von ferroelektrisch zu nicht ferroelektrisch als Curie-Temperatur (T_C) bezeichnet. Bei T_C erreicht die Kleinsignal-Kapazität ein Maximum [92], [217]. Bei der Kleinsignal-Messung sind Messspannungen bis 10 V üblich. Die Überlagerung einer Gleichspannung (VDC) von bis zu 40 V ist mit kommerziellen Geräten möglich. Des Weiteren ist die Messung unter Gleichfeldbelastung durch den Einsatz eines LockIn-Verstärkers umsetzbar [6].

1.2.2.2 Großsignal

Für die Arbeit sind nur Großsignal-Kenngrößen im unipolaren Bereich von Interesse, wobei auch die Erstansteuerung des Materials (Erstkurve, Polung) mit eingeschlossen ist. Der Großsignal-Bereich ist durch ein ausgeprägtes nichtlineares, hysteresebehaftetes Verhalten charakterisiert [117]. Es begründet sich hauptsächlich durch die (verlustbehafteten) Domänenwandbewegungen bei der Ansteuerung mit großen Feldstärken. Dieser

Verlustprozess überwiegt die rein mechanischen und die piezoelektrischen Verluste signifikant [220].

Die zwei wichtigsten Kennlinien im Großsignal-Bereich sind die Polarisationskurve $P(E)$ und die Dehnungskurve $s(E)$, aufgetragen über dem elektrischen Ansteuerfeld E. Für aktorische Anwendungen werden die beiden in Abbildung 1.6 dargestellten Messkurven zumeist simultan in speziell dafür entwickelten Messplätzen bestimmt. Das Ansteuersignal besteht üblicherweise aus einem dreieck-, trapez- oder sinusförmigen Spannungsverlauf mit einer Frequenz von 10 mHz bis 1 Hz.

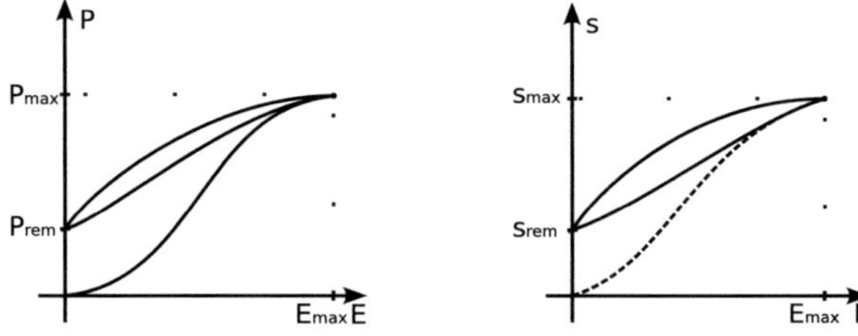

Abb. 1.6: Polarisations- (links) und Dehnungskurve (rechts) geben das Großsignal-Verhalten von piezokeramischem Material über der Feldstärke E wieder. Beginnend mit der Erstansteuerung (gestrichelte Linie) bei 0 kV/mm steigt das Ansteuerfeld bis auf E_{max} an, wobei das Material die maximale Polarisation P_{max} bzw. Dehnung s_{max} erreicht. Anschließend sinkt das Ansteuerfeld wieder auf 0 kV/mm ab. Die sich einstellenden Messgrößen werden als remanente Polarisation P_{rem} bzw. Dehnung s_{rem} bezeichnet. In den folgenden Ansteuerzyklen ist der durchgezogen dargestellte Kurvenverlauf charakteristisch.

Für die Ermittlung der Polarisation kommt entweder die Sawyer-Tower-Schaltung [187], [204] oder eine Strommessung an einem Shunt-Widerstand mit anschließender Integration in Hard- oder Software zum Einsatz [244]. Beide Messprinzipien erfassen die in das DUT fließende Ladung. Die Dehnungswerte werden entweder kontaktlos über Lasermesstechnik (Interferrometer) oder kontaktbehaftet über Wegtaster (induktiv, kapazitiv) erfasst. Viele Messplätze lassen zusätzlich eine Variation der Temperatur zu.

Reale Dielektrika sind keine idealen Isolatoren. Sie zeichnen sich durch einen endlichen Innenwiderstand, den sogenannten Isolationswiderstand R_{iso}, aus. Er ist definitionsgemäß ein Ohmscher Widerstand und damit frequenzunabhängig. Die Bestimmung erfolgt unter Gleichspannung (VDC). Bei ferroelektrischen Materialien ist der Messwert auf Grund innerer Polarisationsvorgänge mit unterschiedlichen Zeitkonstanten nicht stabil und zudem von der Vorgeschichte abhängig. Daher wird die Messung üblicherweise in einem festen Zeitschema mit teilweise mehreren Messzeitpunkten (bspw. nach 30 s und 60 s) durchgeführt. Das Vorgehen stabilisiert den Messwert. Für die Messungen stehen kommerzielle Messgeräte (Hochohmmeter) zur Verfügung. Der Isolationswiderstand ist für aktorische Werkstoffe eine Größe von entscheidender Bedeutung. Bei zu niedrigem R_{iso} steigt der Strombedarf und die Eigenerwärmung nimmt im Betrieb stark zu. Materialien mit der Eigenschaft sind unabhängig vom übrigen Eigenschaftsprofil als Aktorwerkstoff nicht eignet.

1.2.3 Entwicklungsprozess

Piezoelektrische Keramiken sind oxidische Systeme mit komplexer Zusammensetzung. Der klassische Herstellungsprozess des piezokeramischen Materials geschieht durch Pulver-Synthese (Mischoxid-Technik) und anschließende zweistufige Wärmebehandlung. In dem Sinterprozess kommt es zumeist zur chemischen Reaktionen in der festen Phase und das Material verdichtet sich zu einem polykristallinen Körper. Der prinzipielle technologische Ablauf der Materialherstellung ist in Abbildung 1.7 oben dargestellt. Anschließend muss der hergestellte Rohling weiterbearbeitet werden, um ein nutzbares Bauteil zu erhalten. Die hierzu im Allgemeinen notwendigen Schritte zeigt der untere Teil der Abbildung 1.7 [87].

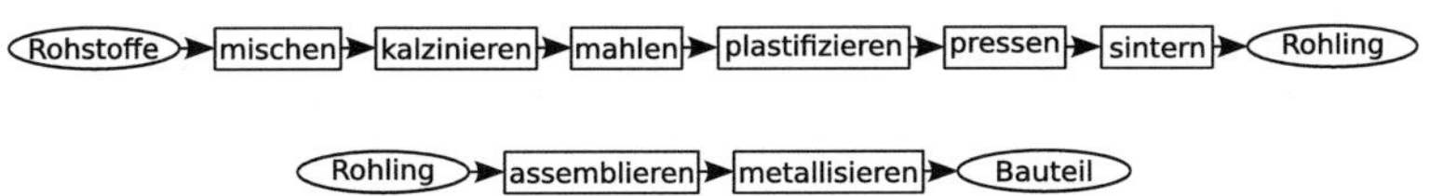

Abb. 1.7: Herstellungsprozess von Piezokeramik (oben) und von Bauteilen (unten) nach [87]

Als Aktorwerkstoff dominiert bis heute PZT die industrielle Praxis [79]. In den letzten Jahren wurden, nicht zuletzt auf Grund legislativer Randbedingungen [52], immer mehr nicht bleihaltige Materialgruppen erforscht (vgl. auch Abschnitt 3.1.1). Dabei kommen verstärkt Hochdurchsatzexperimente (HTE) und Hochdurchsatzcharakterisierung (HTC) zum Einsatz. HT-Methoden haben sich schon seit vielen Jahren in der pharmazeutischen Industrie zur Entwicklung neuer Medikamente etabliert [109], [114] und fanden in der Biochemie [137], [91] und anderen Gebieten der Chemie [186], [131], [225] schnell Verbreitung. Auch bei der Materialentwicklung mit festkörperchemischen Prozessen wird die HT-Methodik erfolgreich eingesetzt [127]. Die Arbeiten [194], [176] und [35] zeigen die Anwendung von HTE bei der Entwicklung piezoelektrischer Werkstoffe.

Die bei der Entwicklung von Piezokeramiken eingesetzte Methodik ist in Abbildung 1.8 abgebildet. Dabei besteht das Ziel nicht in der kombinatorischen Mischung unterschiedlichster Elemente, um eine erfolgsversprechende Materialzusammensetzung zu finden. Das Vorgehen ist vielmehr dadurch geprägt, ein als aussichtsreich eingestuftes Materialsystem durch Modifikation in der Zusammensetzung, gezielte Veränderung mit zusätzlichen Dotierungen, der Substitution von Bestandteilen und insbesondere durch die Variation von Prozessierungsvarianten und -parametern zu verbessern. Gleiches gilt für die Neuentwicklung und Herstellung von Bauteilen. Auch hier geht es oftmals um die anwendungsspezifische Umsetzung und Anpassung vorhandener technologischer Methoden und Prozesse. Die Umsetzung und der verwendete Arbeitsablauf (workflow) unterliegen dabei weitestgehend den schon in [55] beschriebenen Bewertungskriterien ökonomischer Aufwand und vorhandene Ressourcen unter Beachtung der materialspezifischen und technologischen Randbedingungen. Die Wahl der zu untersuchenden Parameter wird hierbei oftmals auf Basis von Erfahrungswissen oder durch den Ansatz "ein Faktor zu einer Zeit" festgelegt, wobei ein solcher Ansatz bei Wechselwirkungen der Prozessparameter untereinander sehr kritisch zu beurteilen ist. Der Einsatz von statistischer Versuchsplanung ist nicht verbreitet [132].

Die material- bzw. bauteilspezifische Umsetzung des Herstellungsprozesses ist immer durch technologische Feinheiten geprägt, welche die Leistungsmerkmale aber entscheidend beeinflussen. So sind die Leistungsdaten moderner Aktorwerkstoffe nicht nur durch die Zusammensetzung und Dotierung des Materials, sondern auch durch eine optimierte und in engen Grenzen festgelegte Prozessführung bestimmt. Bei neuen Materialentwicklungen auf festkörperchemischen Prozessrouten kommt es auf Grund der vielen Einflussparameter und der teilweise sehr hohen Sensitivität der Prozessführung

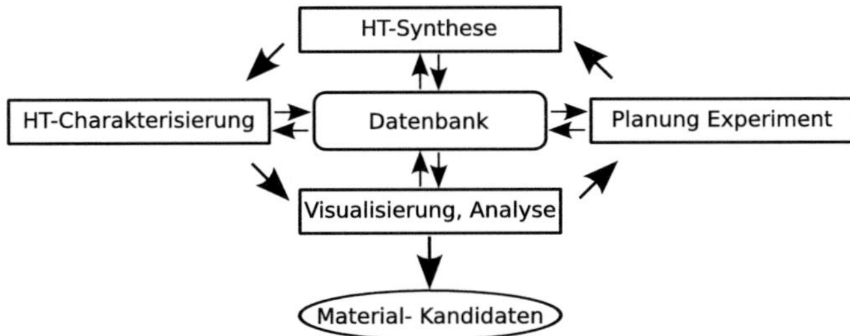

Abb. 1.8: Methodik bei der Hochdurchsatz-Materialentwicklung (HT) nach [168] und [201], welche auch im Projekt DelLead [32] verfolgt wurde.

immer wieder zu Problemen bei der Reproduzierbarkeit. Hinzu kommt, dass auf Grund fehlender Erfahrungen manchmal nicht alle Prozessparameter bekannt sind. Insbesondere bei der Anwendung von HTE sind unvollständige Parametersätze sehr nachteilig, da aussichtsreiche Materialien durch unpassend gewählte Prozessführung nicht erkannt werden können.

1.2.4 Auswertung

Der HT-Charakterisierung der hergestellten Materialproben bzw. Bauteile kommt, neben einem HTE-fähigen Herstellungsprozess (HT-Synthese), eine Schlüsselrolle zu. Die messtechnische Erfassung der Materialkenngrößen (vgl. Abschnitt 1.2.2) ist dabei größtenteils automatisiert. So wird in [193], [102] HTC-Messtechnik zur automatischen Aufnahme von P(E)- und s(E)-Kurven beschrieben. Außerdem sind kommerzielle Systeme verfügbar, welche die Bestimmung von üblichen dielektrischen Kenngrößen sowohl von Materialproben als auch von Bauteilen zulassen [60], [171]. Des Weiteren wird in [177] ein HTC-Verfahren zur Bestimmung der piezoelektrischen Eigenschaften unter Verwendung von Rasterkraftmikroskopie (AFM) vorgestellt.

Die Auswertung der Messdaten hingegen erfolgt derzeit wenig automatisiert. Das übliche Vorgehen bei der Datenauswertung ist durch manuelle Datensichtung, einfache Auswertungsroutinen und händische Bestimmung von Zusammenhängen geprägt. Der Einsatz von computerbasierter Datenverarbeitung beschränkt sich oftmals auf die Nutzung von Tabellenkalkulationsprogrammen und den Einsatz von Skripten (Makros) zur wiederholten Anwendung von Auswertungsformeln [194]. In anderen Bereichen der

Wissenschaft und Forschung gibt es zahlreiche Werkzeuge und Methoden, die zu einer Effektivierung und Steigerung der Effizienz beitragen können. Bezugnehmend auf die Entwicklung von piezokeramischen Aktorelementen sind insbesondere zwei Aspekte zu betrachten. Zum Ersten müssen die aus dem Entwicklungsprozess bekannten bzw. gewonnenen Informationen und (Mess)daten besser organisiert und dargestellt werden. Zum Zweiten gibt es deutliches Verbesserungspotenzial bei der Verarbeitung bzw. Auswertung der Daten. Der Abschnitt 1.2.4.1 stellt hierzu den Forschungsstand zu Möglichkeiten der Datenhaltung und Aufbereitung von Mess- und Entwicklungsdaten genauer dar. Im darauf folgenden Abschnitt 1.2.4.2 wird auf den aktuellen Wissenstand zu Auswertungsmethoden für experimentelle Daten eingegangen.

1.2.4.1 Datenhaltung

Im Entwicklungsprozess und bei der Erkundung des Betriebs- und Schädigungsverhaltens von piezokeramischen Bauteilen entsteht eine Vielzahl von Daten. Die Daten enthalten Informationen zur Materialzusammensetzung, zum Herstellungsprozess, zu Charakterisierungsmessungen, zu Ergebnissen von (Belastungs)experimenten und deren Parameter sowie zu administrativen Daten (Projekt, Bearbeiter, Probennummer etc.). Die Datenspeicherung erfolgt in Tabellen. Die Relation der Daten untereinander wird durch eine eindeutige Zuordnung, zumeist mittels eines Identifizierers (ID), abgelegt. Des Weiteren ist aus großen Projekten der Einsatz von Datenbanken zur gesammelten und geordneten Aufbewahrung bekannt [194], [35], [136]. Da die Datensätze aus verschiedenen Quellen (Messgeräten, manuelle Erstellung) kommen, wurde der Datenbankansatz weiterentwickelt. So wurde in [132] und in [133] ein Data-Warehouse benutzt, um die Daten mit strukturiertem Vorgehen in eine Datenbank übernehmen zu können. Neben der durch sogenannte Front-End-Werkzeuge bereitgestellten Import-Funktionalität enthält ein Data-Warehouse auch Funktionalitäten zur Datenfilterung, -transformation und -analyse. Damit ist die Voraussetzungen zur Wissensgenerierung aus den Datenbeständen gegeben [132], [108].

Ein wesentlich weitreichenderen Ansatz präsentiert [237] für die Entwicklung von MEMS. Der Ansatz unterstützt den gesamten Design- und Entwicklungsprozess von mehrkomponentigen MEMS durch sechs Abstraktionsschichten. Die Schichten bilden die Aspekte (Komponente, Funktion etc.) des Systems als Objekte ab. Die Informationen werden mittels vereinheitlichter Modellierungssprache (UML) [153] bzw. erweiterbarer Auszeichnungssprache (XML) [230] in einer Wissensdatenbank bereitgestellt. Ein ebenfalls auf UML basierender Ansatz aus einem anderen Gebiet der Materialwissenschaft wird in [40], [156] vorgestellt. In den beiden Arbeiten zu faserverstärktem Beton wird der Entwicklungsprozess, der Aufbau von Bauteilen und die Definition von Messungen bzw. Testprozeduren durch eine Bibliothek von Klassen abgebildet. Die Klassen legen die Bildungsvorschrift für Objekte fest, in denen die Material- und Entwicklungsdaten strukturiert dargestellt werden können. In [47] wird ein Informations- und Wissensmanagement für die Multimaterial-Mikrosystemtechnik vorgestellt, welches neben der Abbildung des Fertigungsprozesses zusätzlich Aspekte der Kooperation von mehreren am Produktionsprozess beteiligter Unternehmen mit einbezieht. Der Ansatz wird in [48] für Kooperationsnetzwerke und virtuelle Unternehmen verallgemeinert. Des Weiteren werden in [221] Methoden und Werkzeuge für die formalisierte Prozessbeschreibung von verfahrens- sowie fertigungstechnischen Herstellungsprozessen vorgestellt, die eine durchgängige Prozesssicht in unterschiedlichen Industriezweigen ermöglichen. Die Informationsdarstellung ist explizit graphisch.

Die (mathematische) Grundlage für UML und vergleichbare Modellierungsansätze bildet die Graphentheorie. Ein Graph $\mathbf{G}$ ist definitionsgemäß ein Paar $(\mathbf{P}, \mathbf{V})$, bestehend aus einer Menge $\mathbf{P}$ von Punkten (Knoten) und einer Menge $\mathbf{V}$ von Verbindungen (Kanten). Es wird somit die Menge von Knoten durch die Menge von Kanten zueinander in Beziehung gesetzt. Im hier betrachteten Kontext sind nur Graphen mit einer endlichen Anzahl von Knoten und damit auch Kanten, sogenannte endliche Graphen, von Bedeutung. Es werden gerichtete und ungerichtete Graphen unterschieden. Bei einem ungerichteten Graph ist die Verbindung zwischen zwei Punkten nicht von der Richtung abhängig. Gibt es eine Richtungsabhängigkeit der Verbindung, heißt der Graph gerichteter Graph (Digraph). Außerdem können die Elemente eines Graphen mit zusätzlichen Informationen (Attributen) belegt werden. So kann beispielsweise die Beziehung zwischen zwei Knoten durch Wichtungsfaktoren an den Kanten spezifiziert werden. In der Graphentheorie sind zahlreiche Eigenschaften von Graphen (Teilgraph, Untergraph, Isomorphismus etc.) definiert, durch deren Auswertung die Struktur von Graphen ermittelt bzw. untereinander vergleichen werden kann [148], [149], [8], [185].

Vorteilhaft für die menschliche Vorstellung ist, dass sich Graphen sehr oft übersichtlich durch eine Zeichnung repräsentieren lassen. Die Knoten werden als Punkte oder Kästen und die Kanten als Linien bzw. Pfeile gezeichnet. Die Abbildung 1.9 veranschaulicht die oben beschriebenen Sachverhalte als eine solche Zeichnung.

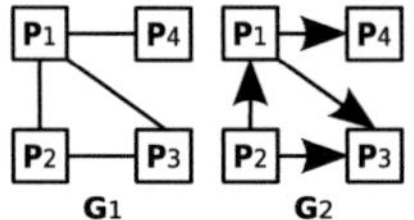
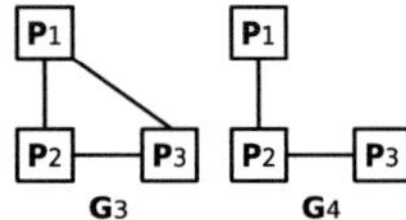

Abb. 1.9: links: Zeichnung eines ungerichteten Graphs G_1 bzw. eines gerichteten Graphs G_2, rechts: Der Graph G_3 ist ein Untergraph von G_1, da die Knoten von G_3 eine Teilmenge der Knoten von G_1 sind und alle Verbindungen der Knotenteilmenge in G_3 vorhanden sind. G_4 ist ein Teilgraph von G_1 bzw. G_3, da zwar die Knoten jeweils eine Teilmenge darstellen, aber nicht alle Verbindungen enthalten sind.

Für die Repräsentation von Graphen stehen mehrere Umsetzungen zur Verfügung. In Anlehnung an die zeichnerische Darstellung können Graphen durch eine Baumstruktur (einfach verkettete Liste), in der jeder Knoten Verweise zu allen direkt erreichbaren Nachbarknoten erhält, abgebildet werden. Als weitere Möglichkeit kann ein Graph durch eine Matrix mit den Nachbarschaftsbeziehungen zwischen den Knoten (Adjazenzmatrix) dargestellt werden. Im ungerichteten Fall (ohne Mehrfachkanten) werden benachbarte Knoten durch eine 1 und nicht benachbarte Knoten durch eine 0 markiert. Im gerichteten Fall wird die Vorgänger-Nachfolger-Beziehung durch 0 bzw. 1 codiert. Beide Ansätze sind sehr gut für die Umsetzung am Computer geeignet [149].

1.2.4.2 Data Mining

Im Prozess der Material- und Bauteilentwicklung entstehen mannigfaltige Daten. Sie setzen sich sowohl aus den Parametern des Herstellungsprozesses als auch aus Charakterisierungsmessungen zusammen. Durch eine effiziente und tiefgreifende Auswertung können die Datensätze in nutzbares Wissen gewandelt werden. Für die Wissensgewinnung sind in der Literatur zahlreiche Methoden bekannt, die unter dem Begriff Data

Mining zusammengefasst werden. Zu den wichtigsten Methoden zählen statistische Verfahren, Entscheidungsbäume, Fuzzy Systeme, Künstliche Neuronale Netze und Clusterverfahren.

Für den Entwurf eines Data Mining Algorithmus muss mindestens ein Beispieldatensatz vorliegen. Mit dem Datensatz und unter Betrachtung der gestellten Problem- bzw. Fragestellung können die Ein- und Ausgangsgrößen für die Datenanalyse identifiziert werden. Ziel des Data Mining ist es, eine irgendwie geartete Abbildung der Eingangsgrößen (Merkmale) auf die Ausgangsgrößen des Datensatzes zu formulieren. Dabei können die Originaldaten und zusätzlich generierte Größen als Merkmale genutzt werden. Auf Basis der Dimensionen sowie der Skalenniveaus der Merkmale und Ausgangsgrößen können geeignete Analysemethoden ausgewählt werden. Für die Durchführung der Analyse ist ein Bewertungsmaß notwendig, welches die Abbildungsgüte der Merkmale auf die Ausgangsgrößen quantifiziert. Im weiteren Entwurfsprozess werden die Parameter der gewählten Analysemethode bezüglich des Bewertungsmaßes optimiert. Bei der Optimierung wird überwachtes Vorgehen (Lernen) und unüberwachtes Lernen unterschieden. Bei überwachtem Lernen sind die Ausgangsgrößen bekannt, wohingegen bei unüberwachtem Lernen die Ausgangsgrößen nicht bekannt sind [135], [56].

Für das hier betrachtete Anwendungsfeld sind insbesondere die zwei Methoden Klassifikation und Clusterung von Interesse. Beide Methoden werden für die Gruppierung von Datensätzen genutzt, wobei im Fall der Clusterung die Gruppenzugehörigkeit des Beispieldatensatzes (Lerndatensatz) nicht bekannt ist. Die Abbildung der Daten auf die Gruppen kann entweder durch eine scharfe Zuordnung (Funktion) oder über unscharfe Zugehörigkeitswerte (Fuzzy-Clusterung) realisiert werden. Eine sehr häufig genutzte Clusterung ist der K-Mean-Algorithmus. Er beruht auf der Minimierung der Summe der quadratischen Distanzen zwischen den jeweiligen Merkmalen des Datensatzes, wobei als Distanzmaß der Euklidische Abstand benutzt wird. Werden die Zugehörigkeiten der Merkmale unscharf auf die Cluster abgebildet, heißt der Algorithmus Fuzzy-C-Mean (FCM). Eine Übersicht zu den unterschiedlichen Klassifikations- bzw. Clusterverfahren ist beispielsweise in [135], [14] und [96] zu finden.

Die Anwendungsgebiete von Klassifikations- und Cluster-Methoden reichen von der chemischen Prozesstechnik [202] bis hin zur medizinischen Therapie [121], [63]. Für Hysteresekurven von mechanischen Deformationen ist ein Klassifikationsansatz bekannt, der auf informationstheoretischen Merkmalen basiert [76]. Mit [89] und [208] sind auch Anwendungen auf dem Gebiet der Mikrostruktur-Untersuchung (Rasterkraft-mikroskopie (AFM), Röntgendiffraktometrie (XRD)) von Werkstoffen bekannt. Hier ist zudem eine kommerzielle Software [207] zur Datenauswertung verfügbar.

1.3 Offene Probleme

In dem oben beschriebenen Wissensstand zur Entwicklung von piezokeramischen Aktorwerkstoffen und -elementen sind folgende Probleme ungelöst:

1. *Eine Methodik der Material- und Bauteilentwicklung, die*

   - den Entwicklungsprozess vom Material bis zum Bauteil vereinheitlicht und verallgemeinert betrachtet,

   - vorhandene Messdaten für vergleichbare Entwicklungen nutzt,

   - Literaturwissen effizient in den Entwicklungsprozess einbindet,

   - eine für Neuentwicklungen nutzbare Darstellung des Standes der Technik realisiert,

   - einen übersichtlichen Zugang zu den Messdaten bietet, um funktionale Zusammenhänge oder Trends von Mess- bzw. Entwicklungsdaten bestimmen zu können,

   - eine entwicklerfreundliche (graphische) Darstellung des Entwicklungsprozesses bietet.

2. *Eine automatisierte Analyse von Großsignal-Messkurven, welche*

   - eine Gruppierung nach Kurvenformen realisiert,

   - die Quantifizierung der Kurvenparameter umsetzt,

   - eine physikalisch motivierte Klassifikation der Kurvenformen ermöglicht.

3. *Die Entwicklung eines hochdurchsatzfähigen (HT) Messsystem zur Bestimmung von Kleinsignal-Kenngrößen unter (mehrdimensionaler) Großsignal-Belastung mit dem Potenzial zur*

- Untersuchung von Degradationsvorgängen unter hoher elektrischer Gleichspannung (VDC),

- Bestimmung des Materialverhaltens bei zusätzlicher Variation von Umweltbedingungen,

- langzeitigen Vermessung von Leitfähigkeitsphänomenen in (bleifreien) Piezokeramiken.

1.4 Zielsetzung der Arbeit

Ausgehend von der oben dargelegten Motivation wird in der vorliegenden Arbeit das Ziel verfolgt, den Entwicklungsprozess von piezokeramischen Aktormaterialien und -elementen mit neuen Methoden und Verfahren zu effektivieren und die Arbeitseffizienz zu steigern. Der Fokus liegt dabei auf den folgenden drei Themenkomplexen:

1. *Entwicklung und Implementierung einer Methodik zur verbesserten Material- und Bauteilentwicklung*

   - nachhaltige Nutzung von vorhandenem Wissen (Literaturwissen, neue und vorhandene Messdaten) im Entwicklungsprozess

   - verallgemeinerte Betrachtung von Material- und Bauteilentwicklung (MEMS)

   - verallgemeinerte Modellierung der strukurellen Eigenschaften von Bauteilen und Bereitstellung der Struktureigenschaften für eine Suchfunktionalität

   - ganzheitliche Abbildung des Lebenszyklus (Herstellungsprozess, Betrieb- und Belastungsphase)

   - Abbildung aller Daten des Entwicklungsprozesses (Meta-, verschiedenste Messdaten, Strukturinformationen, Betriebs- und Belastungsdaten) in einer für die computergestützte Analyse geeigneten Form.

2. *Erstellung einer angepassten Datenauswertung (Data Mining) zur Effizienzsteigerung und Unterstützung des Materialentwicklungsprozesses*

- Bereitstellung von Softwaremodulen zur zielgerichteten und automatisierten Datenanalyse

- Gruppierung und Klassifikation von Großsignal-Messdaten

- automatisierte Berechnung von werkstoffwissenschaftlich relevanten Kurvenparametern.

3. *Konzeption und Aufbau eines neuen Messsystems für mehrdimensionale Großsignal-Belastung*

  - Möglichkeit zur Bestimmung von Kleinsignal-Kenngrößen und der elektrischen Leitfähigkeit des Materials auf hohem elektrischen Potenzial (kV-Bereich) und damit ohne Unterbrechung der Belastung

  - Charakterisierung bzw. Monitoring von Aktorkenngrößen und des Schadensfortschrittes unter Belastung

  - hochdurchsatzfähige (HT) Hardware, flexible Datenaufnahme und Auswertung

  - Messfähigkeit bei Langzeituntersuchungen

  - Variation von Temperatur, Feuchtigkeit oder Medium als Belastungsgrößen.

Die Arbeit gliedert sich in fünf weitere Kapitel. Im Kapitel 2 wird ausgehend von einer Systematisierung des Betriebsverhaltens und der Schadensmoden von piezokeramischen Aktorelementen ein verallgemeinertes Aktormodell neu vorgeschlagen. Darauf aufbauend wird erstmals eine Repräsentation der Mess- und Entwicklungsdaten in dem Aktormodell vorgestellt. Dazu wird ein ebenfalls neues Darstellungskonzept auf graphentheoretischer Basis benutzt. Abschließend wird die Anwendung des neuartigen Ansatzes an zwei Beispielen demonstriert. Im zweiten Teil des Kapitels 2 steht die automatisierte Analyse von Großsignal-Messkurven im Mittelpunkt. Hier wird ein neuer Berechnungsalgorithmus zur Ermittlung zusätzlicher Kennwerte (Merkmale) von Polarisations- und Dehnungskurven präsentiert. Des Weiteren wird ein speziell angepasstes Vorgehen zur verlaufsdatenbasierten Gruppierung der Kurvenform dargestellt.

Das Kapitel 3 stellt ein neues Messsystem für mehrdimensionale Großsignal-Belastung vor. Das HTC-fähige System ist für die Bestimmung der Kleinsignal-Kenngrößen und des Isolationswiderstandes bei gleichzeitiger Belastung des DUT mit einer Hochspannung und zusätzlichen Umweltfaktoren geeignet. Es dient der Überwachung von Schadensvorgängen. Das Messsystem wird in Aufbau und Funktionsweise beschrieben und es werden Vorschriften für die Auslegung bereitgestellt. Im Anschluss wird die eigens für das Messsystem entwickelte Signalverarbeitung und die Messwertaufbereitung vorgestellt. Dabei wird die Messgenauigkeit des Systems diskutiert und eine exemplarische Messung präsentiert.

Im Kapitel 4 wird die Implementierung der Software für die in den Kapiteln 2 und 3 entwickelten Funktionalitäten beschrieben. Die modular aufgebaute Software deckt drei Komplexe ab. In einem Komplex wird die neue Methodik für die Entwicklung von keramischen Aktorelementen als Programm umgesetzt. Die Software realisiert das verallgemeinerte Aktormodell und setzt die graphenbasierte Repräsentation von Mess- und Entwicklungsdaten um. Der zweite Komplex stellt eine Software zur automatisierten Analyse von Großsignal-Messkurven bereit, so dass die entsprechenden Messergebnisse effizient für die graphenbasierte Repräsentation bereitgestellt werden können. Die Softwaremodule zur Datenerfassung, zur Auswertung und zur Dimensionierung des neuen Messsystems werden im dritten Komplex zur Verfügung gestellt. Sie ermöglichen in dem neuen Gesamtkonzept eine beschleunigte Charakterisierung des Langzeitverhaltens und die gezielte Untersuchung von Schadensmoden.

Kapitel 5 beschreibt die exemplarische Anwendung der neuen Methodik zur Entwicklung von keramischen Aktorelementen für eine konzeptionelle Problemstellung zum Thema Aktordesign. Am Anwendungsbeispiel eines Biegeelements für ein Mikrosystem (MEMS) wird verdeutlicht, wie die neue Methodik und das hierzu entwickelte graphentheoretische Modell genutzt werden können. Das folgende Kapitel 6 gibt eine Zusammenfassung der vorliegenden Arbeit und einen kurzen Ausblick.

Im folgenden Anhang A wird die neue Methodik mit der derzeitigen Entwicklungsmethodik vergleichen. Es wird eine tabellarische Übersicht zu Schadensmoden piezokeramischer Aktoren gegeben und es werden die mathematischen Grundlagen der Clusterung kurz dargestellt. Des Weiteren sind im Anhang B Details zur technischen Umsetzung des neuen Messsystems, ausführliche Berechnungen und zusätzliche Messergebnisse aufgeführt. Der Anhang C zeigt die vollständige Datenbasis für die prototypische Realisierung in Kapitel 5 und listet weitere Geometrie- und Materialdaten auf.

2 Neue Methodik für die Entwicklung von keramischen Aktorelementen

2.1 Übersicht

Für die effiziente, nachhaltige und computergestützte Nutzung von experimentellen Daten und von bekanntem Wissen ist die derzeitig genutzte Entwicklungsmethodik (Abschnitt 1.2.3) nicht ausreichend. Die bei piezokeramischen Bauteilen eingesetzte Entwicklungsmethodik erlaubt nicht die breite und flexible Nutzung von bereits vorhandenen Erkenntnissen aus anderen Untersuchungen mit ähnlichen oder vergleichbaren Fragestellungen. Für Hochdurchsatz-Materialentwicklungen (HTE, HTC) wurde in [132] ein Data-Warehouse basierter Ansatz präsentiert. Er beschränkt sich aber auf eine reine Materialentwicklung, setzt statisch definierte Prozessstrukturen voraus und geht nicht über die Speicherung und einfache Import-Export-Funktionalität von Material-, Prozess- und Messdaten hinaus.

Für aktuelle und zukünftige Herausforderungen in der Material- und vor allem Bauteilentwicklung ist es aber unbedingt notwendig, vorhandenes Wissen zu bereits untersuchten Materialien bzw. Bauteilen auch für spätere Entwicklungen nutzbar bereitzustellen. Je nach Anwendungsfeld eines Materials oder Bauteils gibt es unterschiedliche Anforderungsprofile, so dass eine Eignung immer anwendungsspezifisch bewertet werden muss [188], [191], [151]. So wird beispielsweise in [179] durch die systematische Auswertung bekannter Entwicklungs- und Kenndaten von kommerziell verfügbaren Piezokeramiken deren Eignung für das neue Anwendungsfeld "Energy Harvesting" abgeleitet. In der Bewertung zeigt sich, dass Materialien, die aus der Aktorik als wenig performant bekannt sind, sehr gute Eignung zeigen. Die Bedeutung der nachhaltigen Wissensnutzung wird ebenfalls durch die Ausführungen in [168] zur Entwicklung von Dünnschicht-Ferroelektrika für Speicherbausteine und SAW-Module bestätigt.

Die hier präsentierte erweiterte Methodik zur Unterstützung der Entwicklung von piezokeramischen Bauteilen realisiert ein Wissensmanagementsystem. Es wird eine umfassende und konsistente Umgebung für die Entwicklung piezokeramischer Bauteile vorgestellt. Die Abbildung 2.1 zeigt das neue Gesamtkonzept. Eine vergleichende Darstellung zur derzeitig genutzten Entwicklungsmethodik (Abschnitt 1.2.3) ist im Anhang A.1 angefügt.

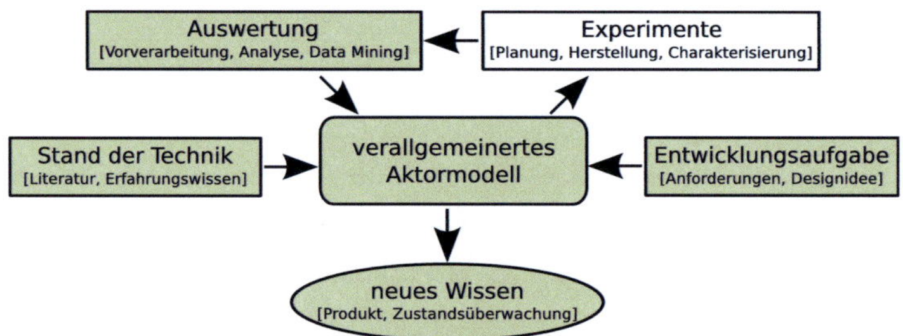

Abb. 2.1: Gesamtkonzept der erweiterten Methodik zur Unterstützung der Material- und Bauteilentwicklung. Die grün markierten Anteile sind neu bzw. wesentlich verbessert.

Alle Daten und Erkenntnisse werden in einer strukturierten Form abgelegt und für die computergestützte Arbeit bereitgestellt. Mit der Wissensbasis im Hintergrund können weiterführende experimentelle Untersuchungen an Materialproben und auch Aktorelementen wie beispielsweise Mikrosystemen (MEMS) konzipiert und geplant werden. Des Weiteren wird die selektive Auswahl von Datensätzen für weitergehende Analysen ermöglicht. Die Wissensbasis ist nach strukturellen und funktionalen Zusammenhängen sowie Stichworten durchsuchbar. Die hier vorgestellte Methodik kann somit bei der Erkundung und Analyse von kritischen Strukturen des Aktordesigns bzw. bei der Bewertung von Betriebs- und Belastungssituationen helfen und den Entwicklungsprozess effektivieren.

Ausgangspunkt für die Erweiterung der Entwicklungsmethodik ist die hier erstellte Systematik zum Betriebsverhalten und zu Schadensprozessen von piezokeramischen Bauteilen (Abschnitt 2.2). Die Systematik beschreibt die allgemeinen Eigenschaften piezokeramischer Bauteile und Wechselwirkungen zwischen Aktorelementen und mechatronischem Applikationsszenario. Außerdem werden die Schädigungsvorgänge in piezokeramischen Aktorelementen zeitlich und örtlich kategorisiert. Die Systematisierung ermöglicht die Erstellung eines verallgemeinerten Aktormodells.

Das neu entwickelte Aktormodell steht im Zentrum der Methodik. Es bildet den strukturellen und funktionalen Aufbau eines Bauteils oder einer Materialprobe durch vernetzte Komponenten ab. Die Komponenten werden mit Informationen zur Prozessierung, zum Betriebsverhalten und zu Schadensmoden gekoppelt. In dem Modell können sowohl die Entwicklungsaufgabe, der Stand der Technik als auch die Ergebnisse von eigenen Experimenten abgebildet werden. Die somit strukturiert abgelegten Informationen und die dazugehörigen Daten(sätze) stehen dem Nutzer einfach abrufbar zur Verfügung. Das Modell kann auch in weiterführende Entwicklungsmethodiken, wie beispielsweise der in [141] vorgestellten Methodik zur Entwicklung zuverlässiger Mikrosysteme, integriert werden.

Das Darstellungskonzept für das Aktormodell (Abschnitt 2.3) realisiert nach der Definition in [108] ein Data-Warehouse-System. Data-Warehouse-Systeme haben im Wesentlichen die Aufgabe, Daten zu speichern und sie anwendergerecht bereitzustellen. Verglichen mit der derzeitigen Methodik ersetzt das neue Aktormodell die zentrale Rolle der Datenbank. Die Aufgabe der Datenbank, die Material-, Prozess- und Messdaten zu speichern, wird im neuen Darstellungskonzept durch Attributierung der Komponenten des Aktormodells umgesetzt. Die Speicherung der Daten kann aber weiterhin in einer nachgelagerten Datenbank oder auch anderweitig implementiert werden. Die technische Ausführung der Datenspeicherung ist für den Nutzer transparent.

Die anwendergerechte Bereitstellung der Daten (Transformationsschicht) wird in dem neuen Darstellungskonzept durch eine auf der Graphentheorie basierenden Abbildung des Aktormodells ermöglicht. Es wird im Unterschied zu [133], [132] auf der Transformationsschicht nicht nur eine Import-Export-Funktionalität ermöglicht, sondern die strukturellen und funktionalen Eigenschaften aus dem Aktormodell können direkt für Datenvisualisierung, -filterung und -analyse genutzt werden. Mit der neuen Repräsentation wird es möglich, den Lebenszyklus von piezokeramischen Bauteilen strukturiert abzulegen bzw. zu betrachten. So kann für verschiedene Arten von Bauteilen der gesamte Herstellungsprozess und die anschließende Belastung(sgeschichte) vergleichend untersucht werden. Die Repräsentation kann sowohl für die Verifikation von Hypothesen (konventioneller Prozess) als auch für die Generierung neuer Hypothesen (kombinatorischer Ansatz) genutzt werden. In dem Abschnitt 2.3.4 und im Kapitel 5 wird das Modell beispielhaft angewendet.

Neben der effektiven Aufbereitung und verbesserten Bereitstellung von Wissen durch das Aktormodell und dessen Darstellungskonzept leistet die vorliegende Arbeit einen Beitrag zur Effizienzsteigerung bei der Auswertung von Entwicklungsdaten. In Abschnitt 2.4 wird eine neue Vorgehensweise zur automatisierten Analyse von Großsignal-Messkurven präsentiert. Der Algorithmus realisiert eine Gruppierung der Messkurven nach ihrer Form. Die Aufbereitung der Messdaten ist notwendig, um die berechneten Materialkennwerte sinnvoll interpretieren zu können. Die zum Stand der Technik benutzte manuelle und damit zeitaufwendige Sortierung der Messkurven entfällt.

Für die Darstellungen zur Aktorschädigungen ist es auf Grund einer nicht einheitlichen Terminologie in der Literatur sinnvoll, einige Begriffe kurz zu definieren. Schadensmode (failure mode) steht für die Bezeichnung des Schadens. Der Schadensmechanismus (failure mechanism) beschreibt den physikalischen bzw. chemischen Effekt und Verlauf, der dem Schadenshergang zugrunde liegt. Das Schadensphänomen (failure phenomenon) bezeichnet die bei einem Schadensmode hervorgerufenen Auswirkungen bzw. Erscheinungen. Unter Schadensszenario (failure scenario) sind die Betriebs- und Umweltbedingungen und der Kontext zu verstehen, in dem ein Schadensmode auftritt oder ausgelöst wird. Als Schadensort wird der Bereich des Aktors bezeichnet, in dem der Schadensmechanismus abläuft. Als Zeitskala eines Schadensmodes definiert sich der Zeitraum, den ein Schadensmechanismus benötigt, um im Aktor das entsprechende Schadensphänomen hervor zurufen.

2.2 Systematik zum Betriebsverhalten und zu Schadensmoden

Ziel ist es, ein verallgemeinertes Aktormodell zu erzeugen. Es bietet die Möglichkeit das Betriebsverhalten und Schadensvorgänge verallgemeinert vom konkreten Aktortyp und der Geometrie einzuordnen. Mit dem Modell können Bauteile und Messungen bewertet und untereinander verglichen werden. Das Wissen kann zur Planung eigener Entwicklungen oder Experimente genutzt werden.

Die üblichen Aktormodelle beziehen sich auf die Wiedergabe des Übertragungsverhaltens [85]; auf die Berechnung bauteilinterner elektrischer [80], mechanischer [223] bzw. thermischer [169], [203] Felder; auf den Einfluss von Geometrieverhältnissen auf die Aktorkenngrößen [206] oder auf Aktoren in einem spezifischen Applikationsumfeld [224], [46]. Die Modelle liefern wichtiges und zumeist sehr detailliertes Wissen für spezielle Aktorelemente und Einsatzfälle. Gleiches gilt für Untersuchungen zur Zuverlässigkeit und zu Schädigungsvorgängen von Aktoren. Auch hier gibt es in der Literatur zahlreiche, singuläre Darstellungen und Untersuchungen zu Schadensvorgängen [39], [226], [30], [51], [150], [152], [26]. Für die Gesamtheit der Modelle und Untersuchungen existiert aber kein Ordnungsschema (Strukturierung). So können bei ähnlichen Fragestellungen der aktuellen Forschung und Entwicklung die Erkenntnisse aus der Literatur nur schwer in die eigenen Entwicklungsarbeiten einbezogen werden. Es fehlt an einer möglichst allgemeingültigen Systematik zur Behandlung und Einordnung des Betriebsverhaltens und von Schadensvorgängen in piezokeramischen Aktorelementen. Als Beitrag zur Lösung des beschriebenen Mangels wird die Thematik in den nächsten Abschnitten umfassend analysiert und näher diskutiert.

Das hier neu entwickelte Modell ist im Sinne eines Metamodells zu verstehen. Durch die systematische Einordnung verschiedener Informationsquellen in die Modellstruktur kann eine breite Wissensbasis für eigene Entwicklungen aufgebaut werden. Mit dem Modell kann vorhandenes Wissen effektiv auf neue Problemstellungen angewandt werden. Der Entwicklungsprozess von neuen Aktorelementen wird beschleunigt. Des Weiteren können neue, ungeklärte Schädigungsvorgänge in der Modelldarstellung diskutiert und mögliche Einflussfaktoren und Schadensmechanismen erörtert werden.

Im Folgenden wird das Modell ausgehend von den allgemeinen Eigenschaften und der systemischen Einbettung piezokeramischer Aktoren hergeleitet. So werden in Abschnitt 2.2.1 die verschiedenen Aktortypen genauer in Funktionsweise, Aufbau und Bauform untersucht. Anhand der Analyse wird ein allgemeingültiges Modell erstellt, welches die Grundlage für die verallgemeinerte Betrachtung des Aktors als heterogenen Materialverbund in mechatronischen Systemen bildet.

Ausgehend vom Applikationsszenario des piezokeramischen Aktors im mechatronischen System werden in Abschnitt 2.2.2 die Wechselwirkungen und Energieflüsse zwischen Aktor und mechatronischem Gesamtsystem beschrieben und in einer abwärtsstrukturierten Betrachtung (Top-Down-Analyse) untersucht. So kann das Betriebs- und Belastungsprofil des Aktors gut dargestellt werden. Im darauffolgenden Abschnitt 2.2.3 wird die Aktorschädigung analysiert und nach zeitlichen und örtlichen Gesichtspunkten kategorisiert. Außerdem werden Einflussfaktoren auf die Zuverlässigkeit benannt.

2.2.1 Neues Aktormodell

Die folgende Analyse erarbeitet die Gemeinsamkeiten, Ähnlichkeiten und Unterschiede von piezokeramischen Aktorelementen bezüglich ihres Aufbaus und Arbeitsprinzips. Ausgehend von der Analyse wird ein neues Aktormodell vorgestellt. Es abstrahiert das aktorische Element in einer allgemeingültigen Blockdarstellung.

Alle piezokeramischen Aktoren sind Festkörperstellelemente, deren Funktionalität auf der elektromechanischen Kopplung von Piezokeramik beruht. Damit stellt der Funktionswerkstoff Piezokeramik eine sowohl räumlich als auch funktional integrative Realisierung der Schnittstelle zwischen Mechanik und Elektronik dar. Die bidirektionale Wirkung zwischen den beiden Teilsystemen ist inhärent.

Zum Betrieb benötigen Piezoaktoren die Ankopplung eines elektrischen Feldes $\tilde{E}$, welches in einer Verformung (tensorielle Dehnung s) des Elements resultiert (vgl. Abbildung 2.2 oben). Die flächigen Elektroden an der zumeist ebenflächigen Piezokeramik (Folien) dienen dem Anlegen des elektrischen Feldes an die Keramik. Allen Bauformen gemein ist damit ein heterogener Schichtenaufbau. Bei einem Mehrlagenaufbau werden die einzelnen positiven bzw. negativen Elektrodenflächen zu zwei Sammelelektroden an den gegenüberliegenden Aktorseiten zusammengefasst. Die einzelnen Schichten im Mehrlagenaufbau sind untereinander immer gleich und zumeist symmetrisch ausgeführt.

Die Längenänderung s der Piezokeramik ist auf Grund der Anisotropie im mikroskopischen Aufbau und der makroskopisch wirksamen, gleichen Ausrichtung der Mikrostruktur richtungsabhängig (vgl. Abschnitt 1.2.1). Die Richtung der Polarisation $\tilde{P}$ wird mit der Achsenrichtung 3 angenommen. Von entscheidender technischer Bedeutung sind die daraus resultierenden Arbeitsrichtungen parallel (Index 33) und senkrecht (Index 31) zur Polarisation, wobei das Ansteuerfeld E hier immer in Richtung der Polarisation ausgerichtet ist. Die Abbildung 2.2 oben verdeutlicht den Sachverhalt.

Die Querdehnung des d_{31}-Types wird über eine kraftschlüssige Verbindung mit einem Trägersubstrat zur Erzeugung eines Moments und somit zum Aufbau von Biegeaktoren genutzt. Aktoren vom d_{33}-Typ werden oftmals als uniaxiale Dehnungselemente eingesetzt. Die kraftschlüssige Verbindung eines Aktorelements vom Typ d_{33} mit einem flächigen Substrat, so dass die Arbeitsrichtung parallel zur Substratoberfläche ist, resultiert in einem Biegeelement. So können auch mit d_{33}-Aktoren Biegeelemente aufgebaut werden (vgl. Kapitel 5). Hierbei kommt als Elektrodenkonfiguration in den meisten Bauteilen eine Interdigitalelektrode zum Einsatz [190], [12], [9].

Bei d_{31}-Aktoren werden zumeist nur wenige Schichten realisiert, wohingegen bei d_{33}-Aktoren zur Erhöhung des absolut erreichbaren Stellweges sehr viele Schichten übereinander angeordnet werden. Eine Ausnahme bilden hier Aktoren in hohlzylindrischer Form. Sie nutzen den d_{31}-Effekt als direktes, einschichtiges Dehnungselement. Auf Grund des großen Verhältnisses zwischen Länge und Wandstärke werden auch bei üblichen Feldstärken praktisch nutzbare Längenänderungen erzielt. Die Abbildung 2.2 stellt die häufigsten Aktortypen dar.

Ein piezokeramisches Aktorelement besteht immer aus einem aktiven und einem passiven Bereich. Als aktiver Bereich wird das Material (Piezokeramik und Elektrode) bezeichnet, welches unter der Wirkung des elektrischen Feldes steht. Somit gehören zum passiven Bereich nicht im Ansteuerfeld befindliches piezokeramisches Material, die im Randbereich befindliche Isolation (Passivierung) und die (Weiter)kontaktierung. Die Weiterkontaktierung kann entweder gesammelt für alle Schichten oder auch separat für einzelne Schichten umgesetzt werden [29]. Nicht direkt zum Aktor gehörend, aber für die Betrachtung notwendig, ist die mechanische Struktur, welche in mechanischer Wechselwirkung mit dem Aktor steht. Bei vielen Schichtaktoren ist sie sogar integraler Bestandteil des aktorischen Elements (vgl. Abbildung 2.2 rechts unten). Der aktive und der passive Bereich sind im Allgemeinen stoffschlüssig miteinander verbunden. Der jeweilige Übergangsbereich zwischen den Bestandteilen definiert ein Interface, welches unter Zuverlässigkeitsgesichtspunkten von großer Bedeutung ist.

Für die Modellbildung werden die oben beschriebenen unterschiedlichen Funktionsweisen und geometrischen Ausgestaltungen der Aktortypen so abstrahiert, dass sie verallgemeinert werden können. Die Abbildung 2.3 zeigt die hierfür neu entwickelte Modellvorstellung. Der verallgemeinerte geometrische Aufbau des heterogenen Materialverbunds

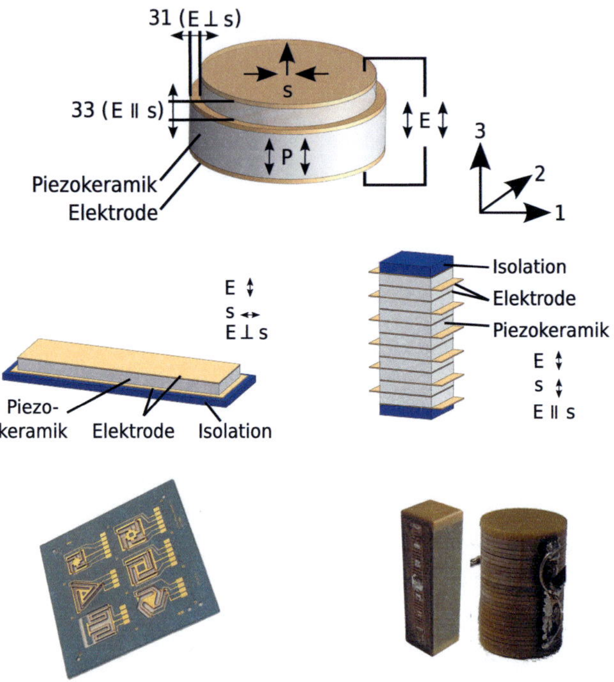

Abb. 2.2: oben: Funktionsweise eines Aktorelements. Durch Anlegen eines elektrischen Feldes $\tilde{E}$ in Richtung der Polarisation $\tilde{P}$ des Aktorelements kommt es zu einer richtungsabhängigen Verformung s. Das hierzu benutzte Koordinatensystem definiert die Richtung der Polarisation und des applizierten E-Feldes als 3. Je nach genutzter Dehnungsrichtung n wird von einem d_{3n}-Aktor gesprochen., Mitte links: d_{31}-Aktor (Biegeaktor). Bei der d_{31}-Aktorbauform wird die Dehnung senkrecht zum Ansteuerfeld genutzt [165]., Mitte rechts: d_{33}-Aktor (Elongator) in Mehrlagenbauweise (Multilayer). Die d_{33}-Aktoren nutzen die Längenänderung in Richtung des Ansteuerfeldes [85]., links unten: LTCC-Teststruktur mit Biegeaktoren für optische MEMS als Beispiel für einen d_{31}-Aktor., rechts unten: Beispiele für kommerzielle Multilayer-Aktoren. links in cogesinterter, monolithischer Bauweise und rechts aufgebaut aus geklebten Einzelscheiben.

eines Aktors wird durch die Anordnung der einzelnen Flächen definiert. Dabei repräsentiert jede Fläche wiederum das Material des in der Beschriftung benannten Bestandteils. Die benachbart dargestellten Bestandteile können jeweils mechanisch, elektrisch und/-

oder chemisch wechselwirken. Die Trennlinien zwischen den Bestandteilen sind somit als Grenzschicht (Interface) zu verstehen.

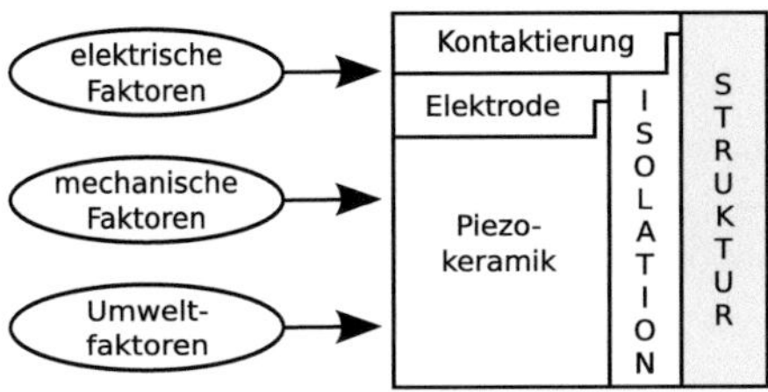

Abb. 2.3: Verallgemeinertes Aktormodell: Die Materialien des Aktorelements werden durch die Flächen repräsentiert. Deren Anordnung abstrahiert den geometrischen Aufbau, wobei die Trennlinien zwischen benachbarten Flächen Grenzschichten (Interface) darstellen, an denen es zu Wechselwirkungen kommen kann.

An den Außenseiten der Modellstruktur wirken die Betriebs- bzw. Belastungsgrößen auf den Aktor. Hier kommt es zu komplexen Wechselwirkungen mit den Komponenten der jeweilig betrachteten Anwendung, welche als mechatronisches System aufgefasst werden kann. Das zur computergestützten Verarbeitung geeignete Darstellungskonzept für das Aktormodell wird in Abschnitt 2.3.3 vorgestellt. Im folgenden Abschnitt werden die Wechselwirkungen analysiert und in die neu entwickelte Modellvorstellung eingebunden.

2.2.2 Wechselwirkungen im mechatronischen System

Als Grundvoraussetzung für die systematische Analyse des Betriebsverhaltens und als Basis für die Untersuchung von Schadensmoden piezokeramischer Aktoren ist ein genaues Verständnis der Steuersignale, der Energieflüsse und der Wechselwirkung zwischen Aktor und mechatronischem Gesamtsystem notwendig. Damit können die Wirkpfade und Energieflüsse in das verallgemeinerte Modell eingebunden werden. Des Weiteren sind durch die Komponenten des mechatronischen Gesamtsystems wichtige Randbedingungen am aktorischen Element definiert. Die Zusammenhänge sollen anhand von Abbildung 2.4 im Folgenden näher erläutert werden.

Grundlage für die aktorische Wirkung sind die in Abschnitt 1.2.1 erläuterten Koppeleffekte. Die Wechselwirkung des Aktors mit dem elektrischen und mechanischen Komponenten des Gesamtsystems basiert auf den elektromechanischen Wandlereigenschaften der Piezokeramik. Die mechanische Struktur kann über die Aktorbestandteile Isolation, Elektrode und Weiterkontaktierung ihren Wirkpfad ausprägen. Der genaue Wirkpfad hängt von der Einbausituation und der spezifischen Ausgestaltung des aktorischen Elements ab. In dem Aktormodell kann ein solcher Wirkpfad entsprechend eingetragen werden.

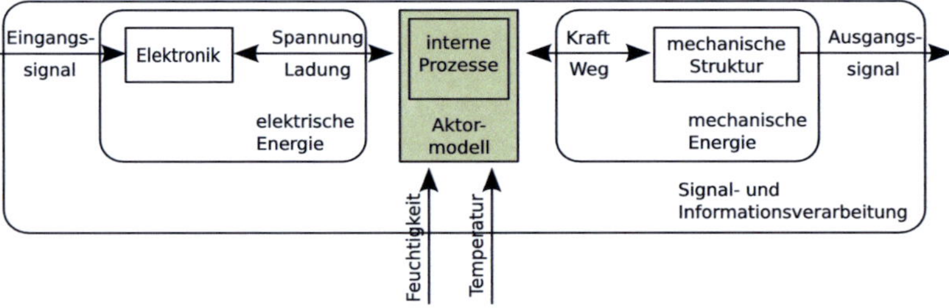

Abb. 2.4: Wechselwirkung des Aktors mit dem Gesamtsystem

Die zumeist übergeordnete Signal- und Informationsverarbeitung steuert über eine Elektronik das aktorische Bauteil an. Die Ansteuerung kann durch die Größen Spannung oder Ladung bzw. Strom geschehen. Die Elektronik ist über die Weiterkontaktierung und die Elektroden an das piezokeramische Material angebunden. Auf Grund des Steuersignals fließt elektrische Energie in den Aktor. Der sich konkret ergebende Energiefluss ist neben den Zwangsbedingungen der elektrischen Ansteuerung und der internen Eigenschaften der Elektronik (Arbeitsprinzip, Leistungsfähigkeit etc.) durch die mechanischen Randbedingungen gegeben. Sowohl der Energiefluss als auch die möglichst quantifizierten Randbedingungen werden in das Aktormodell eingebracht.

Durch den Energiefluss in den Aktor kommt es zur nichtlinearen Aufladung des kapazitiven Elements Aktor (Großsignal-Kapazität). Ein Teil der Energie wird im Ohmschen Anteil der Piezokeramik (Isolationswiderstand R_{iso}) hauptsächlich in thermische Energie umgesetzt. Die Wärmekapazität des Aktormaterials speichert Teile davon und es kommt zur Eigenerwärmung des Aktors. Die mechanische Energie äußert sich in der (inneren) Verformung des Aktormaterials und je nach Eigenschaften der von außen auf den Aktor wirkenden mechanischen Struktur in einer entsprechenden Dehnung und Kraftwirkung des Aktors. Bei der inneren Verformung (bspw. Domänenbewegungen) kommt es auf Grund von Reibungseffekten zu mechanischen Verlusten und zur Freisetzung von thermischer Energie. Die Abbildung 2.5 zeigt die Aufteilung der Energie schematisch. Nach [157] überwiegen insbesondere im Aktor und im mechanischen System die Blindkomponenten (Speicher). Die hauptsächlich auf die Piezokeramik wirkenden Umweltfaktoren sind:

- Temperatur und

- Feuchtigkeit.

Eine Temperaturänderung führt im Wesentlichen zu zwei Effekten. Erstens kommt es zu einer thermischen Dehnung des Materials. Piezokeramik ist dabei temperaturbeständiger als die meisten Metalle. Es kommt somit im heterogenen Schichtenaufbau des Aktors zu bauteilinternen Spannungen [228]. Hinzu kommt die Wechselwirkung mit der auch unter der thermischen Wirkung stehenden mechanischen, zumeist metallischen Umgebung des Aktors. Zweitens ist der Piezoeffekt nichtlinear von der Temperatur abhängig. Zusätzlich zur Umgebungstemperatur wirkt im Betrieb die Eigenerwärmung des Aktors. Sie ist je nach Anwendung und Betriebssignal sehr signifikant und kann sogar zu Einschränkungen des für einen sicheren Betrieb möglichen Ansteuersignals führen.

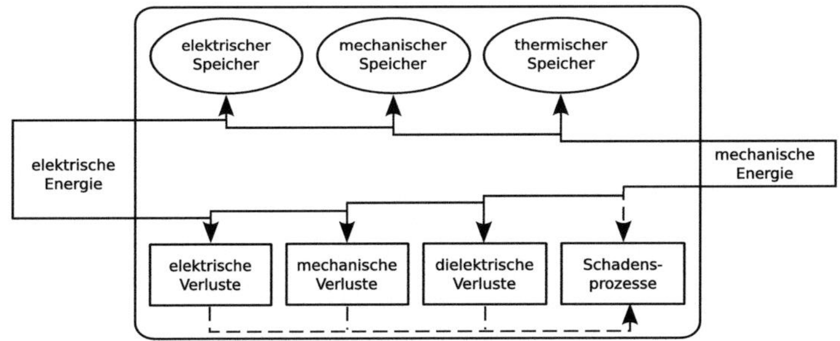

Abb. 2.5: Energiefluss und -aufteilung in Speicher und Verluste am aktorischen Element

Feuchtigkeit ist an zwei Stellen wirksam. Zum einen wirkt sie an der Passivierung (Isolation) des Aktors. Je nach Werkstoffwahl kann die Feuchtigkeit hier direkt eine Materialeigenschaftsveränderung hervorrufen (Alterung, Änderung Durchschlagsfeldstärke etc.) oder sie durchdringen und somit zum anderen an der Piezokeramik selbst Einfluss ausüben. Feuchtigkeit hat somit hauptsächlich Einfluss auf die Ausbildung von Schadensphänomenen.

Die hier dargestellten Wirkpfade und Energieflüsse im Gesamtsystem gelten sowohl für das Verhalten im Normalbetrieb (Betriebsverhalten) als auch bei der Ausbildung von Schadensphänomenen. Je nach quantitativer Ausprägung der Randbedingungen, die auf den heterogenen Materialverbund Aktor wirken, kommt es zu Schadensmoden. Die Entstehung von Schadensphänomenen gilt es, durch ein angepasstes Bauteildesign und -dimensionierung bzw. entsprechende Materialanpassung zu verhindern. Dazu ist es notwendig die wirksamen Einflussfaktoren zu erkennen und den Schadensmechanismus zu verstehen. An Hand der im folgenden Abschnitt durchgeführten Eigenschaftsanalyse zu Schadensphänomenen und deren Struktur kann das Aktormodell noch um Strukturebenen und Örtlichkeit von Schadensmoden erweitert werden.

2.2.3 Schadensmoden und deren Struktur / Eigenschaften

Durch die Auswertung von Veröffentlichungen zu Zuverlässigkeitsuntersuchungen und Schadensmoden konnte die im Anhang dargestellte Tabelle A.2 erstellt werden. Die Tabelle gibt neben den Schadensmoden einen Überblick zu den dazugehörigen Schadensmechanismen, -orten, -phänomen und -szenarios. Auf Basis der Literaturdaten ist erkennbar, dass die Zuverlässigkeit von piezokeramischen Aktoren hauptsächlich durch folgende Faktoren beeinflusst wird:

- Technologie: Fertigungsdefekte (auf Mikrostrukturebene)
- Design: Elektrodenkonfiguration, interne mechanische Spannungen und Anfangsschädigung beim Polungsvorgang
- Heterogenität: Materialzusammensetzung und -struktur
- Anwendung: mechanische Fehlbelastung (bspw. bei Montage), zu hohe Belastung
- Umgebung: Umwelteinflüsse (Temperatur, Feuchtigkeit)

Das erzielte Ergebnis wird durch die Veröffentlichungen [170] und [3] untermauert.

Aufbauend auf dem Literaturwissen wurde in der vorliegenden Arbeit eine Systematik der Schadensmechanismen nach Strukturebene, Örtlichkeit und Zeitskala erarbeitet. Die Analyse ergab, dass die Schadensmechanismen von piezokeramischen Aktoren auf drei Strukturebenen stattfinden können:

- Material (Kristall- und Domänenstruktur, Gefüge etc.)

- Mikrostruktur (heterogener Materialverbund, Interfacestruktur etc.)

- Aufbau (Kontaktierung, Isolation etc.).

Da es sich bei piezokeramischen Aktoren um Festkörper handelt, kommt es zwischen den Prozessen auf den verschiedenen Strukturebenen zu Rückwirkungen und Interaktionen. Ein Schadensmechanismus ist also nicht auf eine Strukturebene begrenzt. Als ein Beispiel sei hier der in [215], [49] und [118] darstellte Mechanismus der Silbermigration unter Einwirkung von Feuchtigkeit und hohem elektrischen Gleichfeld genannt. Die Feuchtigkeit führt im heterogenen Materialaufbau PZT-Keramik mit silberhaltiger Elektrode zu elektrochemischen Prozessen. Der Schadensmechanismus der Elektromigration von positiv geladenen Silberionen entlang der Korngrenze zur Kathode findet auf Materialebene statt, führt aber zur Bildung von elektrisch leitenden Strukturen auf der Mikrostrukturebene und kann infolge der durch die Widerstandsdegradation entstehenden Erwärmung in Aufschmelzungen im Aufbau des Aktors resultieren.

Die drei Strukturebenen sind im verallgemeinerten Aktormodell repräsentiert. Der Aufbau entspricht der Anordnung der Komponenten und ist bis auf spezielle Einzelfälle immer durch die in Abbildung 2.3 gezeigte Anordnung darstellbar. Die Mikrostrukturebene wird durch die Linien (Grenzflächen, Interface) zwischen den einzelnen Komponenten repräsentiert. Das Material ist durch die Fläche der Komponenten modelliert.

Klassifiziert nach ihrem Ort lassen sich die Schadensmoden piezokeramischer Aktoren in *lokale* und *verteilte* Schadensmoden kategorisieren. Unter einem lokalen Schaden wird dabei verstanden, dass der Schaden in einem räumlich eingrenzbaren Bereich im Aktor auftritt. Hierzu sollen auch Schadensmoden zählen, die sich außerhalb des eigentlichen Aktorvolumens abspielen wie beispielsweise Dekontaktierung der Sammelelektrode. Verteilte Schäden erstrecken sich über das gesamte Volumen des Aktors. Die Eigenschaftsänderung kann nur integral festgestellt werden.

Die Einteilung des zeitlichen Verhaltens der Schadensmoden ist in *transient* und *kontinuierlich* sinnvoll. Bei kontinuierlichen Schadensmoden verläuft der Schadensmechanismus über einen langen Zeitraum. Das zugrunde liegende Schadensszenario muss zumeist über den gleichen Zeitraum gegeben sein. Es kommt zu einer stetigen, kontinuierlichen Ausprägung des Schadensphänomens. Der Energiefluss für den Schadensmechanismus ist kontinuierlich über der Zeit mit sehr kleiner Amplitude. Transiente Schadensmoden sind dagegen durch einen kurzzeitigen Energiefluss mit sehr hoher Amplitude charakterisiert.

Der bei beiden Zeitskalen ablaufende Schadensmechanismus kann zur reversiblen oder aber auch irreversiblen Schädigung des Aktors führen. Eine Übersicht der wesentlichen Schadensmoden von piezokeramischen Aktoren nach der hier vorgestellten Systematik ist in Abbildung 2.6 gegeben. Die Örtlichkeit von Schäden ist im verallgemeinerten Aktormodell verankert. Die Schadensmoden können entsprechend ihrer Klassen entweder einer Komponente des Aktors oder einem Bereich der Interfacestrukturen zugeordnet werden. Die Zeitskalen von Schadensmoden sind in der erweiterten Entwicklungsmethodik nicht im Aktormodell angesiedelt, sondern in der in Abschnitt 2.3 beschriebenen Datenrepräsentation. Nähere Ausführungen zu einer möglichen Implementierung des Aktormodells werden in Abschnitt 4.2 gegeben.

	kontinuierliche Vorgänge	**transiente Vorgänge**
örtliche Fehler	~ Delamination ~ stationäre Rissausbreitung ~ Elektroden Migration ~ thermische Überlast	~ Überschläge ~ (dynamischer) Kurzschluss ~ Polungsrisse ~ instationäre Rissausbreitung ~ Dekontaktierung
verteilte Fehler	~ Depolarisation ~ Gefügeauflösung ~ Degradation (Widerstand, Permittivität, Dehnung)	~ Mikrorisse ~ Teilentladung ~ elektrische Überlast (Schaltvorgänge)

Abb. 2.6: Kategorisierung nach Ort und Zeitskala

2.3 Systematik zur Repräsentation der Mess- und Entwicklungsdaten

Ziel ist es, eine systematische Repräsentation für die im vorangegangenen Abschnitt entwickelte Systematik zum Betriebsverhalten und zu Schadensprozessen zu schaffen, welche das Aktormodell nutzerfreundlich und anschaulich darstellt. Gleichzeitig muss die neue Repräsentation für die computergestützte Verarbeitung geeignet sein. So müssen die strukturellen und funktionalen Informationen aus dem Aktormodell, das Herstellungs- und Prozessierungswissen sowie die dahinterliegenden Datensätze eines jeden Aktorelements formalisiert dargestellt werden. In Abschnitt 2.3.1 werden die Anforderungen an die hier neu entwickelte Repräsentation genauer ausgeführt.

In der Literatur gibt es mehrere Arbeiten, die sich mit der Abbildung des Entwicklungsprozesses und den Eigenschaften keramischer Werkstoffe beschäftigen. Die meisten Arbeiten zielen auf die technische Realisierung der Datenbank, die Computerinfrastruktur zur Datenbereitstellung oder auf mögliche Speicherformate für die Daten ab. So wird in der Arbeit [200] beschrieben, wie Materialentwicklungs- und Messdaten von keramischen Hochdurchsatzexperimenten (HTE) in einer Datenbank effizient gespeichert und rechentechnisch ortsunabhängig verfügbar gemacht werden können. In [64], [132] und [193] wird ein Datenbanksystem auf Basis von MS-Access mit erweiterter Funktionalität für die Datenadministration (Rechtemanagement) und Import-Export-Funktionalität vorgestellt. [222] schlägt MatML [62] als Austauschformat für Materialdaten auf Basis des Standards XML [230] vor. Des Weiteren gibt es viele Arbeiten, die sich mit Datenstrukturen und Algorithmen zur effektiven und effizienten Datenauswertung [225], [54], [36] bzw. prognostischen Versuchsplanung [83], [196] beschäftigen.

Im Unterschied zu all den genannten Arbeiten wird hier erstmals ein Darstellungskonzept (Abschnitt 2.3.3) vorgestellt, das die Abbildung von Materialien und Bauteilen realisiert. Das Darstellungskonzept orientiert sich dabei an den Bedürfnissen des Entwicklers und an einer zweckmäßigen Wiedergabe sowohl der strukturellen und funktionalen Eigenschaften als auch der Abbildung des Lebenszyklus eines Bauteils. Dabei werden sowohl Prozessierung und Herstellung, das Betriebsverhalten und Schadensvorgänge in das Konzept integriert. Die Darstellung erfolgt chronologisch auf einer Zeitachse, so dass alle Informationen zeitlich lückenlos abgebildet werden.

2.3.1 Anforderungen

Der Abschnitt geht auf die Anforderungen ein, die an das zu entwickelnde Darstellungskonzept gestellt werden müssen. Die Anforderungen ergeben sich hauptsächlich aus der in Abschnitt 2.1 im Überblick vorgestellten erweiterten Entwicklungsmethodik. Dabei kommt der Umsetzung des verallgemeinerten Aktormodells im Sinne der Systematik zum Betriebsverhalten und Schadensmoden (vgl. Abschnitt 2.2) besondere Bedeutung zu. Das Darstellungskonzept muss das Aktormodell und den Lebenszyklus eines Bauteils so abbilden, dass das entstehende Nutzungs- bzw. Eigenschaftsprofil für die Unterstützung des Entwicklungsprozesses piezokeramischer Bauteile geeignet ist. Das Darstellungskonzept muss somit folgende Kriterien erfüllen:

- Die geometrischen und funktionalen Zusammenhänge der Komponenten und Grenzschichten im Sinne des verallgemeinerten Aktormodells müssen repräsentiert werden.

- Es müssen Daten sowohl aus der Materialentwicklung als auch von komplexen Aktorelementen abbildbar sein.

- Der Lebenszyklus von der Herstellung bis hin zum Betriebs- und Schadensverhalten muss abgebildet werden.

- Die lückenlose zeitliche Abfolge des Lebenszyklus muss erfassbar sein.

- Die neue Systematik der Schadensmechanismen (vgl. Abschnitt 2.2.3) muss adressiert sein.

- Die Darstellung von Literaturdaten als auch von eigenen Herstellungsdaten und experimentellen Untersuchungen muss möglich sein.

- Die Speicherung von heterogenen Datenbeständen (unterschiedliche Datentypen aus unterschiedlichen Quellen) muss möglich sein (vgl. Abschnitt 2.3.2).

- Das Darstellungskonzept muss auch große Datenmengen beherrschen können.

- Ähnliche Bauteile müssen individuell aber auch vergleichbar dargestellt werden.

- Die Datenstruktur muss flexibel geändert bzw. erweitert werden können, um auch bei Umplanungen oder zukünftigen Fragestellungen nachhaltig nutzbar zu sein.

- Die bauteilspezifische Zugehörigkeit zu gleichen Eigenschaften (z.B. gleiche Prozessierungsvariante) muss bauteil- und projektübergreifend möglich sein.

- Der Vergleich und die Identifikation von (Teil)strukturen muss möglich sein, so dass eine strukturbasierte Datensuche bzw. -analyse computergestützt durchgeführt werden kann.

- Der Datenbestand muss nach Stichworten und auch Kategorien durchsuchbar sein.

- Es muss eine anwendergerechte Bereitstellung der Daten zur Datenanalyse (Data Mining) realisierbar sein, so dass die Daten selektiv nach verschiedenen Kriterien abrufbar sind (Datenexport).

2.3.2 Datenbasis

Der Abschnitt gibt einen kurzen Überblick zu der in das Darstellungskonzept zu integrierenden Datenbasis. Die Datenbasis ist sehr heterogen, da die Daten sehr verschiedene Sachverhalte beschreiben. Das Spektrum der Datentypen reicht von Zeichenketten zur Bezeichnung von Elementen oder Vorgängen, über einzelne Zahlen zur Quantifizierung von Messwerten bis hin zu mehrdimensionalen Datenfeldern zur Beschreibung von komplexen Messreihen. Es soll daher im Folgenden nicht näher auf die einzelnen Datentypen eingegangen, sondern nur ein inhaltlicher Überblick zur Datenbasis gegeben werden.

Metadaten Sie sind bauteilspezifisch und gelten für den gesamten Lebenszyklus.

- eindeutige Kennung (ID)

- Bezeichnung des Bauteils

- Typisierung und Bauform des Bauteils

- projektbezogene Daten (Projektname, Elementnummer etc.).

Herstellungs- und Prozessdaten Sie sind komponentenspezifisch bzw. beziehen sich auf die jeweilige Struktur des Bauteils zum Prozessierungszeitpunkt.

- Art der Datenquelle (Literatur, eigene Herstellung etc.)

- Zeitpunkt und Dauer

- Materialart, Materialsystem, Materialzusammensetzung, Dotierung etc.

- Informationen und Parameter der Herstellungsroute und Prozessierung (wie bspw. Mahlung, Wärmebehandlung, Kontaktierung etc.)

- weitere Dokumentationen (Log-Dateien, Bilder etc.)

- Informationen zum Bearbeiter

- geometrische Informationen (Abmaße, Schichtdicken etc.).

Betriebs- und Belastungsdaten Sie gelten jeweils für die derzeitige Struktur des Bauteils. Sie sind zeitabhängig und wirken sich auf die Eigenschaft des Bauteils in der zeitlichen Folge aus.

- Art der Datenquelle (Datenblatt, eigene Messung etc.)

- Zeitpunkt und Dauer

- Betriebsparameter (elektrische Ansteuerung)

- Lastparameter (Umgebungstemperatur, mechanische Belastung)

- Messdaten (Kleinsignal-Daten, Großsignal-Daten, optische Charakterisierung etc.)

- Informationen zur verwendeten Hardware, Systemumgebung, Messgerät etc..

Schädigungsvorgänge Sie können sich auf eine Komponente oder auf die Gesamt- bzw. Teilstruktur von Bauteilen beziehen.

- Art der Datenquelle

- Schadensmode (Bezeichnung)

- Schadensphänomen

- Schadensszenario (Betriebs- und Belastungsdaten)

- Schadensmechanismus

- Schadensklassifikation (vgl. Abschnitt 2.2.3).

2.3.3 Graphentheoretisches Modell

In dem Abschnitt wird für das verallgemeinerte Aktormodell ein Darstellungskonzept vorgestellt, welches den oben beschriebenen Anforderungen genügt. Das entwickelte Darstellungskonzept nutzt die in Abschnitt 1.2.4.1 vorgestellte Graphentheorie und bildet das verallgemeinerte Aktormodell als einen Graphen bestehend aus Knoten und Kanten ab.

Ausgangspunkt hierzu ist der in Abbildung 2.3 gezeigte abstrahierte Aufbau eines Aktorelements. Die einzelnen Flächen, welche die Komponenten (Materialien) des Aktorelements repräsentieren, werden als die Knoten des Graphen wiedergegeben. Die Grenzschichten zwischen den geometrisch benachbarten Komponenten werden durch die jeweiligen Kanten abgebildet. Die ungerichtete Anordnung der Knoten und Kanten gibt somit die geometrischen Gegebenheiten und alle Möglichkeiten zur Interaktion an den Grenzschichten wieder. Die Abbildung 2.7 links zeigt den Graphen, der im allgemeinen Fall für das Aktormodell entsteht.

Abb. 2.7: links: der allgemeine Graph für das verallgemeinerte Aktormodell, rechts: Graph zur Beschreibung eines Biegeelements bestehend aus einer piezokeramischen Dickschicht auf dem Substratmaterial LTCC-Glaskeramik

Das Konzept ist sehr flexibel und es lassen sich sowohl Materialproben als auch komplexe Bauteile wie aktorische MEMS abbilden. Die rechte Seite der Abbildung 2.7 stellt hierzu als Beispiel den Graphen für ein Biegeelement dar. Weitere Beispiele für Bauteile sind in den Darstellungen im Kapitel 5, im Abschnitt 2.3.4 und im Anhang C.1 zu finden.

Neben der eben vorgestellten Abbildung der geometrischen Gegebenheiten eines Aktorelements ist es notwendig, die spezifischen Eigenschaften der Komponenten in das Darstellungskonzept einzubinden. Hierzu zählen die im Abschnitt 2.3.2 benannten Informationen der Datenbasis wie beispielsweise Herstellungsparameter und Charakterisierungsgrößen. Die Datensätze werden in dem neuen Darstellungskonzept als Attribute der Knoten angefügt. Damit ist eine eindeutige Verknüpfung der Daten mit der dazugehörigen Komponente sichergestellt. Das gleiche Vorgehen wird für die nähere Beschreibung der Grenzschichten benutzt. Durch eine Attributierung der Kanten kann die Grenzschicht mit weiteren Daten verknüpft werden. Die daraus resultierende Datenstruktur des ungerichteten Graphen mit attributierten Knoten und Kanten soll im Folgenden als Bauteil-Graph bezeichnet werden.

Die Darstellung der Attribute ist dabei objektorientiert. Das bedeutet, dass die Verknüpfung mit einer bestimmten Prozessierungsvariante oder mit einer bestimmten Charakterisierungsmessung als eine konkrete Ausführung (Instanz) eines vordefinierten Attribut-Objekts umgesetzt wird. So müssen wiederkehrende Attribute nur einmal definiert werden und können mehrfach genutzt werden. Es kann eine Bibliothek mit den bereits definierten Attribut-Objekten erstellt werden. Ein solches Vorgehen hat den Vorteil, dass der Aufbau der Attribute-Objekte von verschiedenen Bauteilen untereinander konsistenter wird und der Aufwand bei der Erstellung der Datenstruktur signifikant sinkt.

Weiterhin ist es notwendig, die Betriebs- und Belastungsgrößen aus dem Aktormodell in das Darstellungskonzept zu integrieren. Ausgangsobjekt für die Darstellung ist der Bauteil-Graph, welcher um eine weitere Ebene ergänzt wird. In der zusätzlichen Ebene wird der Wirkpfad der Betriebs- bzw. Belastungsgröße durch eine gerichtete Verbindung vom Applikationsort bis hin zur Wirkungsstelle eingetragen. Damit wird für jede Größe ein gerichteter Graph definiert, welcher im Folgenden als Last-Graph bezeichnet wird. Die Abbildung 2.8 zeigt exemplarisch den Last-Graph der an einer Materialprobe applizierten Betriebsspannung.

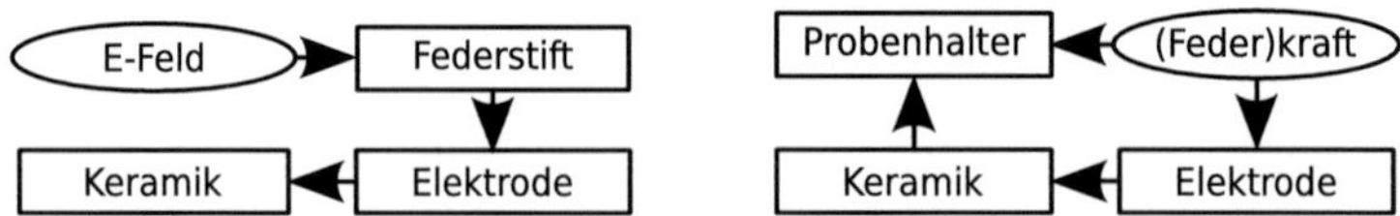

Abb. 2.8: Betriebs- und Belastungsgröße für eine in einem Probenhalter mit Federstift untergebrachte tablettenförmige Materialprobe bestehend aus Keramik und Elektrode, links: Last-Graph für das Anlegen der elektrischen Betriebsgröße, rechts: Last-Graph der mechanischen Belastung der eingespannten Probe

Für die vollständige Abbildung des Lebenszyklus von piezokeramischen Aktorelementen muss das Darstellungskonzept um eine zeitliche Komponente erweitert werden. Hierzu wird eine bauteilspezifische Zeitachse eingeführt, die es ermöglicht, den gesamten Herstellungsprozess und die lückenlose Betriebs- und Belastungsgeschichte abzubilden. Damit jedes einzelne Bauteil bzw. die dazugehörige Zeitachse unterschieden werden kann, erhält jedes Bauteil einen eindeutigen Bezeichner, die Bauteil-ID. Sie wird mit den für den gesamten Lebenszyklus gültigen Metadaten des Bauteils verknüpft. Des Weiteren wird die Bauteil-ID mit dem Graphen für die Ziel-Struktur des Bauteils verknüpft. Dabei ist die Ziel-Struktur der Bauteil-Graph, der das fertig hergestellte Bauteil beschreibt.

Auf der Zeitachse werden die einzelnen Prozessschritte bzw. die Betriebs- und Belastungsgeschichte durch Zeitmarken abgebildet, wobei jede Veränderung an dem Bauteil, sei es ein Prozessierungsschritt oder die Applikation einer Belastung für experimentelle Untersuchungen bzw. Charakterisierungsmessungen, dokumentiert werden sollte. Auch die Lagerung, welche durch die Einwirkung bestimmter Umweltbedingungen (Lastgröße) auf das Bauteil bestimmt ist, wird auf der Zeitachse durch eine Zeitmarke vermerkt.

Die Zeitmarke enthält als globale Informationen einen Bezeichner, einen absoluten Zeitstempel und den das Bauteil beschreibenden Graph. Zeitmarken, die die Herstellung beschreiben, werden mit t_n benannt. Für Marken der Betriebs- und Belastungsphase wird T_n genutzt. Für die Zeit der Herstellung ist der das Bauteil beschreibende Graph ein vom Bauteil-Graphen der Ziel-Struktur abgeleiteter Graph. Er enthält nur Knoten und Kanten, die zum gegebenen Zeitpunkt vorhanden sind. Ab dem Zeitpunkt der Fertigstellung ist der Bauteil-Graph identisch mit dem Graphen der Ziel-Struktur. Die weiteren Informationen zu der Zeitmarke werden wie oben beschrieben als Attribute zu den jeweiligen Knoten (Komponenten) bzw. Kanten (Grenzschichten) des Bauteil-Graphen angefügt. Die Betriebs- und Belastungsgrößen werden als Last-Graphen an der Zeitmarke hinterlegt. Die Abbildung 2.9 zeigt eine Zeitachse mit Bauteil-ID, exemplarisch angetragenen Zeitmarken und die dazugehörige Datenstruktur mit Attributierungen.

Die Informationen zu Schadensvorgängen setzen sich aus Bauteileigenschaften und Messdaten zusammen, die über mehrere Zeitmarken auf der Zeitachse verteilt sind. Ein jeweiliger Schadensmode ist durch die Veränderung der Attribute des Bauteil-Graphen und durch einwirkende Last-Graphen (Schadensszenario) charakterisiert. Die zeitliche

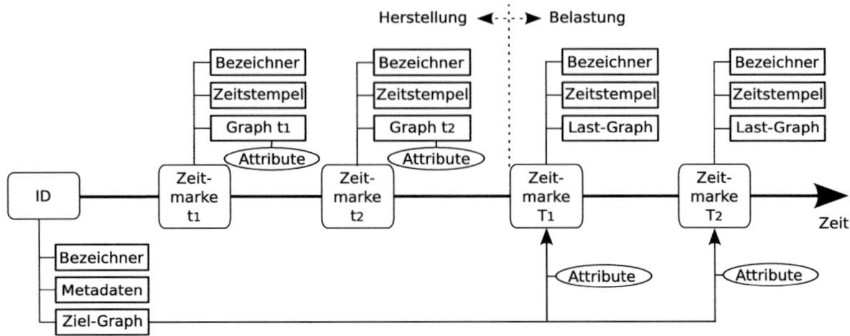

Abb. 2.9: Exemplarischer Aufbau der bauteilspezifischen Zeitachse mit den verknüpften Datenstrukturen bestehend aus Bauteil-ID und Zeitmarken t_n (Herstellung) sowie T_n (Belastung)

Veränderung der Attribute wird durch den jeweiligen Schadensmechanismus bestimmt. Das Schadensphänomen ist entweder durch die Veränderung der Attribute oder durch weitere, neue Attribute gegeben.

In dem Darstellungskonzept wird jeder Schadensmode auf einer eigenen Darstellungsebene wiedergegeben. Hierzu werden alle bis zum Einsetzen eines Schadensmechanismus relevanten Informationen an den Bauteil-Graph angetragen. Die hierzu notwendigen Attribute generieren sich aus den bereits auf der Zeitachse hinterlegten Informationen. Setzt ein Schadensmechanismus ein, wird er als eine Kante zu einem nächsten Bauteil-Graph dargestellt. Die Informationen zum Schadensmechanismus werden als Attribute an der Kante hinterlegt. Des Weiteren werden die Informationen zur Kategorisierung des Schadensmechanismus (vgl. Abschnitt 2.2.3) als Attribute der Kante dargestellt. Die Informationen zum Schadensphänomen werden am zweiten Bauteil-Graph angetragen. Die Abbildung 2.10 zeigt die Datenstruktur exemplarisch. Im Abschnitt 2.3.4 wird ein umfangreiches Beispiel aufgeführt.

Die Erstellung der graphenbasierten Modelle von Aktorelementen und deren Lebenszyklen erfolgt manuell. Dazu ist es notwendig, die vorhandenen experimentellen Daten wie oben beschrieben zu strukturieren und in Graphen mit den entsprechenden Attributen zu überführen. Je nach verwendeter Prozess- bzw. Messtechnik ist die teilweise automatisierte Übernahme von Daten möglich. Die Aufbereitung von Literaturwissen ist derzeit vollständig manuell. Sie erfolgt analog zu dem Vorgehen bei experimentellen Daten (vgl. Kapitel 6).

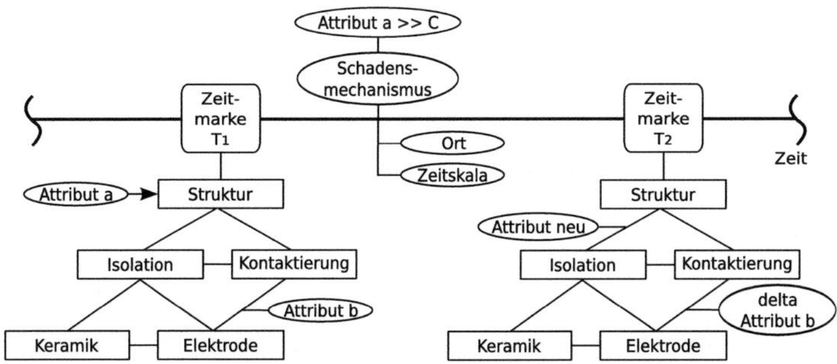

Abb. 2.10: Exemplarische Abbildung der Datenstruktur zur Darstellung eines Schadensmode in dem neuen Darstellungskonzept. Der Schadensmechanismus mit der Kategorien Ort und Zeit läuft zwischen der Zeitmarke T_1 und T_2 ab. Als Schadensszenario wird ein den Grenzwert C überschreitender Wert für das Attribut a angegeben. Das Schadensphänomen besteht aus der Veränderung delta im Attribut b. Zusätzlich entsteht das Attribut neu an der Grenzschicht zwischen Struktur und Isolation.

2.3.4 Anwendungsbeispiel Lebenszyklus

Der Abschnitt stellt exemplarisch die Formulierung eines kompletten Bauteil-Lebenszyklus in dem graphentheoretischen Modell dar. Die Ausführungen verdeutlichen den oben formulierten Modellierungsansatz an einem konkreten Beispiel. Die Anwendung der neuen Methodik mit dem Ziel ein Aktorelement mit einem spezifischen Anforderungsprofil zu designen, ist in Abschnitt 5 detailliert dargelegt.

Das hier beschriebene Anwendungsbeispiel stellt die Herstellungs- und Charakterisierungsdaten sowie die Ergebnisse einer Zuverlässigkeitsuntersuchung für einen im EU-Projekt InMAR [81] entwickelten d_{31}-Komposit-Aktors dar. Der Aktor ist für den Einsatz an einer Fahrzeug-Ölwanne konzipiert. So ist das Element für erhöhte Einsatztemperaturen bis 180 °C ausgelegt und die verwendeten Materialien sind entsprechend angepasst. Der Aufbau des Aktors ist grundsätzlich vergleichbar mit dem in Abbildung C.3 ausgeführten Aktorelement. Im Projekt InMAR wurden sowohl einlagige Elemente als auch Elemente mit größerem Kraftvermögen in zweilagiger Bauweise hergestellt [151].

Ziel der Zuverlässigkeitsuntersuchung war es, Erkenntnisse zum Langzeitverhalten und zu auftretenden Schadensmoden in Abhängigkeit der Betriebszyklenzahl zu erlangen. Hierzu wurden die Aktorelemente bei 150 °C in der freien Dehnung zykliert. Als Monitoringgröße wurde die Kleinsignal-Kapazität C und der Verlustfaktor $tan\delta$ in Zwischenmessungen bestimmt. Dabei zeigte sich, dass es bei den zweilagigen Elementen schon nach der ersten Zwischenmessung zur Ausbildung eines Schadens kam. Die elektrisch leitende Grenzschicht zwischen Lötpad und Kupfergewebe (Cu-Mesh) wurde durch thermisch induzierte Verformungen unterbrochen. Der Schadensmechanismus zeigt sich phänomenologisch bei der Zwischenmessung in einem Abfall der Kapazität C. Abbildung 2.11 stellt die Modellierung des Herstellungsprozesses dar. Die Abbildung 2.12 führt die Charakterisierung mit anschließender Zuverlässigkeitsuntersuchung und dem Schadensereignis auf. Beide Abbildungen zusammen bilden den Lebenszyklus in der hier neu entwickelten graphentheoretischen Modellierung ab. Damit realisiert die neue Darstellung eine einheitliche, systematische und übersichtliche Dokumentation der Untersuchung. Des Weiteren kann die Darstellung nach Komponentenkombinationen mit entsprechenden Attributen durchsucht werden.

2.3.5 Bewertung des neuen Darstellungskonzepts

Die oben formulierten Anforderungen werden durch das vorgeschlagene Darstellungskonzept umfassend erfüllt. Das neue Konzept ermöglicht es, die vielseitigen Methoden der Graphentheorie auf die Modellierung des Entwicklungsprozesses von piezokeramischen Bauteilen anzuwenden. Damit ist die Untersuchung von Unterschieden des Bauteilaufbaus durch die Auswertung der Struktur und Attribute des Bauteil-Graphen sehr gut realisierbar. Des Weiteren lässt sich eine rechentechnisch gestützte Struktursuche und Identifikation von Teilstrukturen umsetzen. Durch das Antragen weiterer Knoten, Kanten oder das Einfügen von Untergraphen kann die Modelldarstellung flexibel erweitert bzw. an neue Bauteilstrukturen angepasst werden. Die Einbindung von umfangreichen Messdaten kann über Verweise realisiert werden, so dass schon vorhandene und neue Datenbestände einfach eingebunden werden können. Dabei ist sowohl die Einbindung von Informationen in Datenbanken als auch von in Verzeichnissen gespeicherten Daten einfach möglich (vgl. Abschnitt 4.2).

Die in dem Darstellungskonzept realisierte, zeitlich lückenlose Darstellung des Lebenszyklus ist eine wesentliche Eigenschaft des Darstellungskonzepts. Dadurch ist es möglich, das nichtlineare, von der Betriebs- und Belastungsgeschichte abhängige und von Schaltprozessen geprägte piezokeramische Materialverhalten umfassend abzubil-

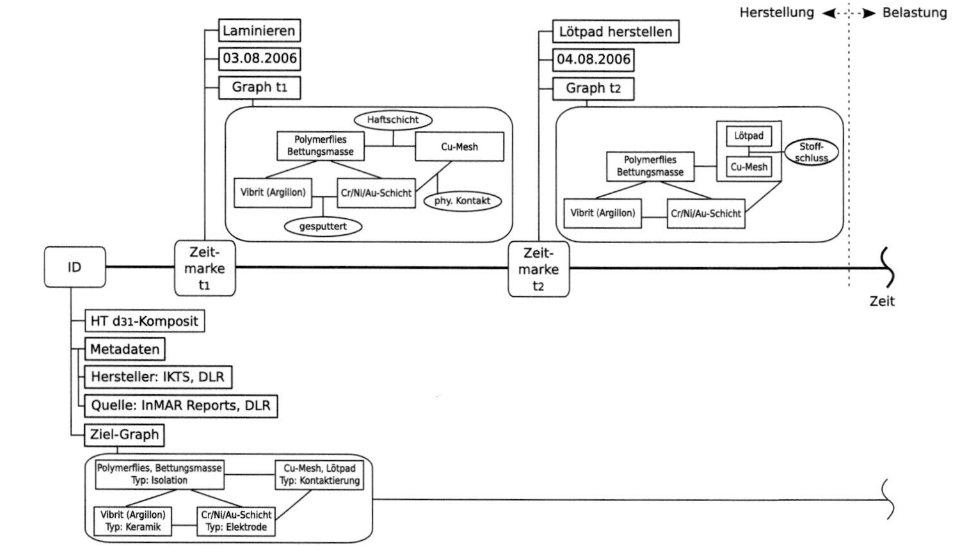

Abb. 2.11: In der Abbildung wird der Herstellungsprozess eines Hochtemperatur d_{31}-Komposit-Aktors nach [70], [227] vereinfacht gezeigt. Der Zeitstrahl wird in Abbildung 2.12 mit der anschließenden Betriebs- und Belastungsphase fortgesetzt.

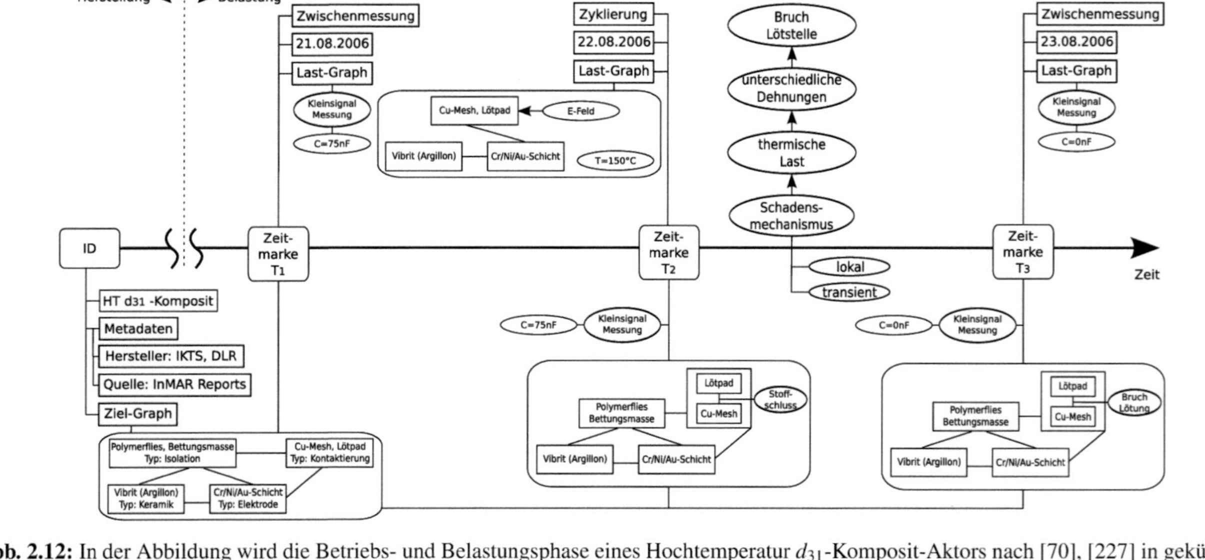

Abb. 2.12: In der Abbildung wird die Betriebs- und Belastungsphase eines Hochtemperatur d_{31}-Komposit-Aktors nach [70], [227] in gekürzter Form gezeigt. Es wird die Belastung mit einem elektrischen Feld unter erhöhter Temperatur und der daraus resultierende Schadensmechanismus einer Leitungsunterbrechung in der Grenzschicht zwischen Lötpad und Cu-Mesh dargestellt. Der Zeitstrahl ist die Fortsetzung der Herstellungsphase aus Abbildung 2.11.

den. Des Weiteren ist die gewählte Modellierung durch zeitreferenzierte Veränderung der Attribute für den Nutzer sehr anschaulich und einfach umsetzbar. Wie Beispiele aus anderen Anwendungsbereichen zeigen, kann das systematisch abgelegte Wissen zudem bei der Implementierung von Systemen zur Zustandsüberwachung von Aktorelementen genutzt werden [233], [113].

Die Modellierung von Schadensmoden ist in dem Darstellungskonzept zunächst nur durch die Beschreibung von Eigenschaftsveränderungen umgesetzt. Damit ist es möglich, den Schädigungsvorgang zu quantifizieren, aber eine direkte Beschreibung der funktionalen Zusammenhänge ist so im Allgemeinen nur begrenzt möglich. Die flexible Struktur des hier entwickelten Darstellungskonzepts erlaubt aber durchaus eine Einbindung von funktionalen Beschreibungsmethoden. Die Schadensmechanismen können durch Modelle wie beispielsweise (Fehler)bäume [41], Petri-Netze [160], [180], [99], [159] oder Blockdiagramm-Simulation (Simulink [214], Xcos [197]) abgebildet werden. Die Knoten der graphenbasierten Bauteilbeschreibung dienen dabei als Anknüpfungspunkte für die weiterführende Modellierung, so dass sich die funktionale Beschreibung vergleichbar mit einem Untergraphen in das Darstellungskonzept eingliedert.

Für die direkte Umsetzung eines solchen Konzepts auf die hier beschriebene Thematik gibt es in der Literatur bisher keine Arbeiten. Es gibt keine Beispiele zur Modellierung von Schadensmechanismen piezokeramischer Aktoren mit funktionalen Beschreibungsmethoden. Somit ist es notwendig, Wissen zu Schadensvorgängen aus dem Stand der Technik aufzubereiten und in einer funktionalen Beschreibungsweise darzustellen. Die Realisierung dessen kann aus zeitlichen und ressourcenbedingten Gründen in der vorliegenden Arbeit nicht geleistet werden. Das Potenzial des entwickelten Ansatzes wird aber als so hoch eingeschätzt, dass im DFG-Sonderforschungsbereich Transregio 39 (PT-PIESA) [143] eine Umsetzung der Systematik für die in dem Teilprojekt C8 betrachtenen Bauteile mit piezokeramischen Elementen geplant ist.

2.4 Automatisierte Analyse von Großsignal-Messkurven

Im Zentrum des Abschnitts steht die verbesserte Analyse von Großsignal-Messkurven (vgl. Abschnitt 1.2.2.2). Derzeit ist die Sichtung und Auswertung der Kurven sowie die Erkennung von Messfehlern durch großen manuellen Aufwand geprägt, was einer effizienten Nutzung der neuen Methodik entgegensteht. Daher werden die Arbeitsschritte computerbasiert umgesetzt. Mit einer automatisierten Gruppierung der Großsignal-Messkurven ist es möglich, die zeitaufwendigen manuellen Arbeitsschritte einzusparen und zu einer übersichtlichen Darstellung der Messergebnisse auch bei größeren Datenmengen zu gelangen. Der erarbeitete Ansatz orientiert sich an dem Anwendungsfeld der Materialwissenschaft. Auf Grund einer integrierten Vorverarbeitung der Messwerte arbeitet der entwickelte Algorithmus robust mit Daten von verschiedenen Messplätzen. Außerdem ist bei Benutzung der vorgeschlagenen Implementierung (siehe Abschnitt 4.3) kein fachfremdes Wissen notwendig.

Zur Umsetzung der automatisierten Analyse der Großsignal-Messkurven ist es notwendig, die Kurvenform zu erkennen. Die Begründung hierfür liegt in den physikalischen Koppeleffekten in Dielektrika wie sie in Abschnitt 1.2.1 beschrieben sind. Je nach betrachtetem Material ist das Vorhandensein und der Ausprägungsgrad von einzelnen Koppeleffekten unterschiedlich. Durch die Auswertung der Kurvenform kann gleiches Materialverhalten gruppiert werden. Bei der Beurteilung von Kennwerten ist die Gruppierung von enormer Wichtigkeit, da ohne Kenntnis der Kurvenform die Beurteilung und der Vergleich von typischen Materialkennwerten nicht sinnvoll möglich ist. Der Sachverhalt soll am Beispiel des für aktorische Bauteile sehr wichtigen Kennwertes d_{33}^* verdeutlicht werden.

Der Dehnungskoeffizient d_{33}^* definiert sich aus der Dehnung s bezogen auf den Elektrodenabstand l_0 bei einer Feldstärke E durch $d_{33}^* = \frac{s}{l_0 E}$ und ist somit ein Großsignal-Kennwert [111]. Je nach Materialverhalten ist der Kennwert feldstärke- bzw. temperaturabhängig. In vielen Anwendungsfeldern wird d_{33}^* bei der maximalen Betriebsfeldstärke von $2\frac{kV}{mm}$ angegeben. Dabei wird aber ein für derzeitig eingesetzte piezokeramische Aktorelemente typisches, wenig feldstärkeabhängiges und temperaturstabiles Verhalten vorausgesetzt. Bei der Entwicklung neuer Aktormaterialien bzw. -elemente kann ein solches Verhalten aber nicht vorausgesetzt werden, so dass die Diskussion und der Vergleich des Kennwertes nur in Verbindung mit der Kurvenform (und damit den beteiligten Koppeleffekten bzw. Dehnungsmechanismen) sinnvoll ist. Die Abbildung 2.13 verdeutlicht den Sachverhalt. Im linken Teil der Abbildung sind Dehnungskurven verschiedener Form abgebildet. Die Formunterschiede resultieren aus den unterschiedlichen Zusammensetzungen von den Materialien M_1, M_2 und M_3. Der rechte Teil der Abbildung stellt

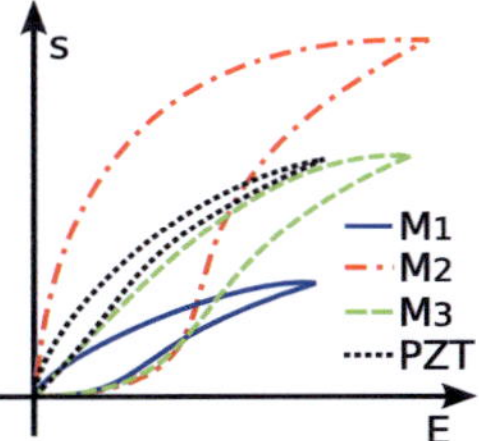
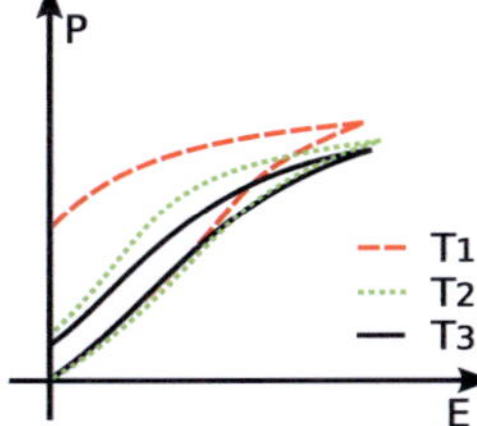

Abb. 2.13: links: Das Diagramm zeigt die Dehnungskurve bei Raumtemperatur von Blei-Zirkonat-Titanat (PZT) im Vergleich zu BNT-BT-KNN Keramik (M_1, M_2, M_3) mit unterschiedlichen Anteilen von BNT und KNN. Die bleifreie Keramik zeigt einen feldinduzierten antiferroelektrisch-ferroelektrischen Übergang, dessen Form von der Zusammensetzung abhängt. (Diagramm nach [238], [239]), rechts: Gezeigt ist eine Formveränderung der $P(E)$-Kurve von BNT-BT-KNN in Abhängigkeit der Temperatur (T_1, T_2, T_3) nach [240].

einen vergleichbaren Fall für Polarisationskurven dar. Hier wurde für eine Materialzusammensetzung die Messung bei steigenden Temperaturen T_1, T_2 und T_3 durchgeführt.

Für die automatisierte Analyse von Großsignal-Messkurven ist in der vorliegenden Arbeit das in Abbildung 2.14 dargestellte Vorgehen entwickelt worden. Das Verfahren gliedert sich in drei Teilaufgaben. In einem ersten Schritt müssen die Daten einer Vorverarbeitung unterzogen werden. Dabei werden die unterschiedlichen Messsignal-Qualitäten von verschiedenen Messplätzen angeglichen und das Signal wird in für die weitere Verarbeitung benötigte Segmente unterteilt. Außerdem werden in einer Merkmalsextraktion zahlreiche Eigenschaften der Messsignal-Segmente berechnet. Die extrahierten Merkmale sind für die Bestimmung der gesuchten Materialkennwerte im letzten Schritt der Analyse notwendig. Des Weiteren können die Merkmale für eine merkmalsbasierte Gruppierung genutzt werden. Das genaue Vorgehen bei der Vorverarbeitung und der Merkmalsextraktion wird in Abschnitt 2.4.1 beschrieben.

Die nächste Teilaufgabe besteht in der Gruppierung der Messkurven zu Kurvenscharen mit gleicher Form. Hierzu können verschiedene Ansätze verfolgt werden. Zum einen können die extrahierten Merkmale und zum anderen die Verlaufsdaten (Messwerte über den Verlauf des Ansteuersignals $E(t)$) genutzt werden. Bei der Verwendung der Merkmale ist es notwendig, die für eine Gruppierung signifikanten Merkmale zu bestimmen. Neben der Möglichkeit einer manuellen Auswahl, können verschiedene mathematische Verfahren (vgl. Abschnitt 1.2.4.2) zur Merkmalsselektion angewendet werden. Die re-

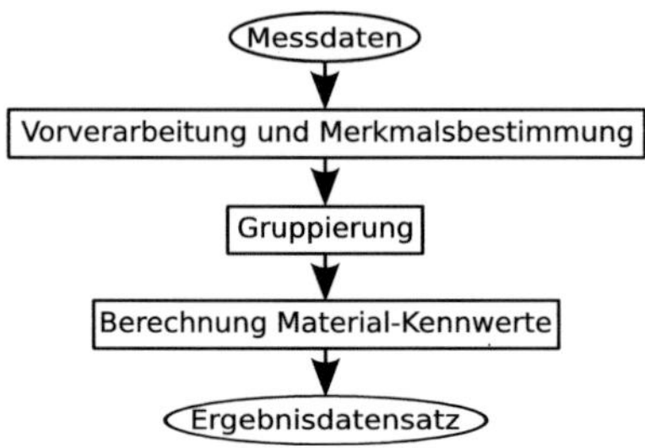

Abb. 2.14: Vorgehen bei der automatisierten Analyse der Großsignal-Messkurven

levanten Merkmale können in einem weiteren Schritt für den Entwurf eines Fuzzy-Regelsatzes genutzt werden [236], [218]. Mit dem Regelsatz werden die durch unscharfe Logik ausgedrückten Merkmalsprofile der jeweiligen Gruppen beschrieben [15], [184]. Die Anwendung des Regelsatzes auf die Merkmale einer Messkurve ermöglicht die Bestimmung der Gruppenzugehörigkeit für die Kurve. Vorteilhaft bei dem beschriebenen Vorgehen ist, dass die Formulierung der Regeln oftmals sehr gut durch materialwissenschaftliches Erfahrungswissen (Expertenwissen) unterstützt werden kann und so ein sehr intuitiver Zugang vorhanden ist. Die Veröffentlichung [28] des Autors zeigt, dass mit dem Ansatz die Kurvenformen verschiedener Materialklassen erfolgreich unterschieden werden können. Nachteilig an dem empirischen Regelentwurf erweist sich die schwer zu realisierende Unterscheidung von Subgruppen mit ähnlicher Form. Des Weiteren wird der Entwurfsprozess mit steigender Anzahl von zu unterscheidenden Kurvenformen unübersichtlich. In der vorliegenden Arbeit soll die direkte Nutzung der Verlaufsdaten zur Gruppierung weiter verfolgt werden. Sie wird in Abschnitt 2.4.2 ausführlich diskutiert.

In der dritten Teilaufgabe des entwickelten Vorgehens werden die Materialkennwerte berechnet und mit den Ergebnissen der Kurven-Gruppierung kombiniert. Die Kennwerte und Gruppierungsinformationen werden für die weitere Nutzung bzw. Darstellung als Textdateien bereitgestellt. Sie können beispielsweise in die in Abschnitt 2.3 neu vorgeschlagene Systematik eingepflegt werden. Des Weiteren liefern die Ergebnisse zusätzliche Informationen, die mit den Daten des Entwicklungsprozesses (Metadaten, Herstellungs- und Prozessdaten, Betriebs- und Belastungsdaten) in Bezug gesetzt werden können. Auf die Weiterverarbeitung der Daten soll hier nicht weiter eingegangen werden, da sie maßgeblich von der verwendeten Entwicklungsmethodik abhängt.

2.4.1 Vorverarbeitung und Merkmalsbestimmung

Für die Untersuchungen in der vorliegenden Arbeit wurden Daten aus dem Projekt Real-MAK [33] benutzt. Das Projekt verfolgte das Ziel, eine bleifreie Piezokeramik für aktorische Elemente herzustellen. Die hier verwendeten Messkurven stammen von verschiedenen Materialkandidaten. Bei der Auswahl wurde darauf geachtet, dass ein breites Spektrum von möglichen Kurvenverläufen abgedeckt wird. Intensiv wurden die Messwerte von drei unterschiedlichen Materialsystemen untersucht, wobei für ein Materialsystem drei Zusammensetzungen und für die beiden anderen jeweils Messwerte einer Zusammensetzung genutzt worden. Für jeden Materialkandidaten standen Messkurven von durchschnittlich neun gleichen Materialproben zur Verfügung. Wie schon aus dem vorangegangenen Abschnitt hervorgeht, setzen sich die Messdaten aus den zwei Großsignal-Kurven $P(E)$ und $s(E)$ zusammen. Das verwendete Ansteuerfeld $E(t)$ ist in Abbildung 2.15 links gezeigt. Es ist ein dreieckförmiges Signal zwischen $E_0 = 0$ und $E_{max} = max(E(t))$. Die Periodendauer beträgt 20 s. Die aufgezeichnete Anzahl von Ansteuerperioden pro Messung ist unterschiedlich. Es gibt Messungen mit nur einer Periode und andere, bei denen fünf Perioden gemessen wurden. Alle Messkurven liegen als zeitreferenzierte Textdaten vor.

Ziel der hier beschriebenen Signalverarbeitung ist die Vorbereitung der Messkurven für die verlaufsdatenbasierte Gruppierung und die Berechnung von signaltypischen Kenngrößen (Merkmalen). Die Merkmale stellen entweder selbst Materialkennwerte dar oder werden für deren Berechnung benötigt. Eine im vorangegangenen Abschnitt beschriebene Nutzung der Merkmale für eine Gruppierung der Messkurven ist ebenfalls möglich. Das beschriebene Vorgehen gewinnt neue Informationen aus den Messdaten (Rohdaten), die zusätzlich zu den Rohdaten gespeichert werden. Dabei erfolgt sowohl die Archivierung der Rohdaten als auch der bestimmten Kenngrößen.

Um die numerische Stabilität der Berechnungen zu verbessern, ist eine Glättung der Messkurve notwendig. Die Glättung besteht aus einem angepassten Algorithmus auf Basis der Faltung des Messsignals mit einer Blackman-Fensterfunktion [205]. Durch die gezielte Parameteranpassung der Glättungsfunktion in Abhängigkeit von der Länge des Datenabschnitts und dem Rauschanteil kann der Grad der Glättung eingestellt werden. Hier gilt es, ein Optimum zwischen ausreichender Glättung und geringstmöglicher

Datenveränderung zu finden. Für die benutzten Datensätze wurde eine Fensterlänge von 10 bei einer Länge von 200 Messpunkten pro Periode benutzt.

Die Analyse der Messkurven erfolgt abschnittsweise. Jede Messperiode wird ausgehend vom applizierten Ansteuersignal $E(t)$ in einen steigenden Kurvenabschnitt (E_0 bis E_{max}) und einen fallenden Kurvenabschnitt (E_{max} bis E_0) unterteilt. Die Abbildung 2.15 links zeigt die Aufteilung des Signals in Perioden. Im mittleren Teil der Abbildung ist die weitere Unterteilung in Abschnitte gezeigt. Das Vorgehen wird auf alle Messperioden angewendet, so dass eine Folge von einzelnen Kurvenabschnitten entsteht. Damit können Messabläufe mit einer beliebigen Anzahl von Messperioden verarbeitet werden. Des Weiteren wird es möglich, unterschiedliche Kurvenverläufe in den Abschnitten einer Ansteuerperiode oder im Verlauf mehrerer Perioden zu erkennen bzw. zu unterscheiden.

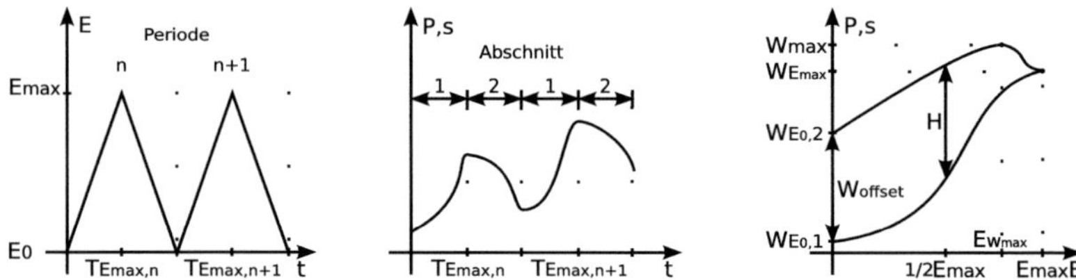

Abb. 2.15: Analog zum Verlauf des Ansteuersignals $E(t)$ werden die Kurven in Perioden (links) und Abschnitte $1 \mathrel{\widehat{=}}$ steigend sowie $2 \mathrel{\widehat{=}}$ fallend eingeteilt (Mitte), absolute Merkmale einer Messperiode aufgetragen über dem Ansteuersignal (rechts)

In einem nächsten Schritt werden folgende Merkmale abschnittsweise (halbperiodenweise) ermittelt:

- Wert W_{E_0} bei E_0
- Wert $W_{E_{max}}$ bei E_{max}
- Wert W_{max} und Feldstärke $E_{W_{max}}$ des globalen Maximums
- Fläche unter dem Kurvenabschnitt (x-Achse auf E_{max} normiert)
- Koeffizienten des linearen, quadratischen und kubischen Fits sowie der jeweilige Fehler zwischen Fit und Kurvenabschnitt

- Bestimmung der Wendepunkte aus der Krümmung.

Des Weiteren werden die nachfolgend genannten Merkmale periodenweise bestimmt:

- Wertedifferenz $W_{offset} = W_{E_0,2} - W_{E_0,1}$ der zwei Kurvenabschnitte bei E_0
- Wertedifferenz H bei $\frac{1}{2}E_{max}$ (vgl. [112]).

Die Merkmale sind für die Berechnung von werkstoffwissenschaftlichen Kenngrößen notwendig bzw. werden direkt als Kenngrößen genutzt. Die Berechnung der meisten Merkmale ist aus deren Benennung ersichtlich. Daher soll auf die Berechnungsvorschriften hier nicht weiter eingegangen werden. Im Gegensatz dazu ist für die Bestimmung der Wendepunkte eine auf die Messkurven angepasste Lösung notwendig. Ein Wendepunkt wird durch den Vorzeichenwechsel im Krümmungsverlauf einer Kurve definiert. Daher ist es notwendig, die Krümmung der Messkurven zu berechnen und anschließend eine Erkennung der Vorzeichenwechsel zu realisieren. Die Schwierigkeit besteht in der robusten Detektion der Vorzeichenwechsel. Dafür wurde eine neue Vorgehensweise aufgestellt. Sie ist auf die Bestimmung von Wendepunkten in Großsignal-Messkurven ausgelegt. Das Verfahren arbeitet mit Messkurven, die auf den Messwert bei E_{max} normiert sind. In den folgenden Absätzen wird der Algorithmus detailliert beschrieben.

Die Krümmung einer Kurve ist die Änderung der Tangentenrichtung im Verhältnis zur Änderung der Bogenlänge. Sie wird durch $k = \frac{y''}{(1+y'^2)^{3/2}}$ berechnet, wobei mit y' die erste und mit y'' die zweite Ableitung der Funktion $y = y(x)$ nach x bezeichnet wird [182]. Bei den hier diskutierten Kurven ist die Krümmung nicht konstant und zudem sind die Kurvenverläufe durch lokale Signalschwankungen (Messeffekte) beeinflusst. Damit ist eine abschnittsweise gemittelte Bestimmung sinnvoll. In [77] wird eine Berechnungsvorschrift gegeben, bei der die Krümmung in einem Punkt aus den gemittelten Werten der angrenzenden Umgebung bestimmt wird. Sie wird für die Krümmungsberechnung der Messkurven genutzt. Als Parameter stehen die Länge des Abschnitts, über den gemittelt wird, und die Schrittweite zwischen den Berechnungspunkten zur Verfügung. Das Ergebnis besteht aus einer Folge von Krümmungswerten. Für die in der vorliegenden Arbeit verwendeten Datensätze wurde eine Abschnittslänge sowie Schrittweite von vier als günstiger Wert ermittelt. Die resultierende Datenfolge ist die Basis für die sich anschließende Wendepunktermittlung.

Es gilt somit, die für Wendepunkte signifikanten Vorzeichenwechsel (Nulldurchgänge) der ermittelten Krümmungswerte zu erkennen. Die Folge der Krümmungswerte ist auch bei augenscheinlich gleichgerichteter Krümmung durch Ausreißer überlagert (vgl. Abbildung 2.16). Sie resultieren aus lokalen Signalschwankungen der Messkurve. Das Erkennungsverfahren muss die Ausreißer tolerieren bzw. filtern können. Deshalb werden in dem hier neu entwickelten Algorithmus die Krümmungswerte nicht einzeln, sondern immer in Intervallen analysiert. Das Signal wird fortlaufend nach einem Vorzeichenwechsel untersucht und vor bzw. nach dem Vorzeichenwechsel wird jeweils ein Intervall I_{vor} bzw. I_{nach} der Länge L_I definiert. Damit der Vorzeichenwechsel für einen Wendepunkt signifikant ist, müssen die Vorzeichen in den beiden Intervallen untereinander überwiegend gleich und zueinander invers sein. Die unscharfe Formulierung "überwiegend gleich" trägt der oben genannten Forderung Rechnung, dass Ausreißer toleriert werden müssen. Mathematisch wurde die Formulierung durch einen Grenzwert G_I für die Summe der Vorzeichen $V_{vor,n}$ und $V_{nach,n}$ der zwei Intervalle umgesetzt. Ein signifikanter Vorzeichenwechsel für die zugrundeliegende Aufgabenstellung liegt vor, wenn gilt:

$$\text{für } sgn(V_{vor,1}) = 1: \sum_{n=1}^{L_I} V_{vor,n} \geq G_I \wedge \sum_{n=1}^{L_I} V_{nach,n} \leq -G_I \qquad (2.1)$$

$$\text{für } sgn(V_{vor,1}) = -1: \sum_{n=1}^{L_I} V_{vor,n} \leq -G_I \wedge \sum_{n=1}^{L_I} V_{nach,n} \geq G_I \qquad (2.2)$$

Damit stehen die Parameter Intervalllänge L_I und Grenzwert G_I für die Auslegung der Wendepunkterkennung zur Verfügung. Mit den Parametern kann die Sensitivität eingestellt werden.

Eine objektive Quantifizierung des Algorithmus an realen Daten ist nur schwer möglich. Wiederholt durchgeführte Klassifikationsversuche zeigten, dass die manuelle Klassifikation der Messkurven an nur schwach ausgeprägten Wendepunkten äußerst uneindeutig ist. Damit ist eine Evaluierung des Algorithmus nur für "augenscheinliche" Wendepunkte (vgl. Abbildung 2.16) möglich. Die Tabelle 2.1 zeigt hierzu die Analyse eines Datensatzes mit 15 Messkurven mit jeweils fünf Perioden. Jede Messkurve besteht aus Dehnungs- und Polarisationskurven, so dass insgesamt 300 Abschnitte ausgewertet wurden.

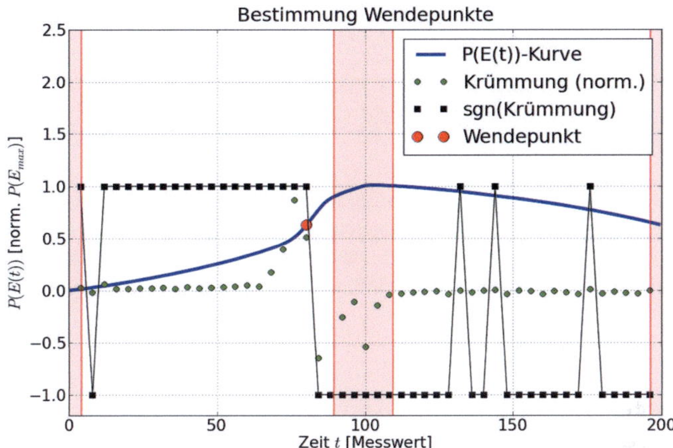

Abb. 2.16: Normierte Polarisationskurve mit berechneten Krümmungswerten (Abschnittslänge, Schrittweite $= 4$). Aus der Vorzeichenfolge der Krümmung werden die Wendepunkte bestimmt. Dazu wird bei jedem Vorzeichenwechsel in Intervallen (Länge $L_I = 4$) die Summe der Vorzeichen mit einem Grenzwert ($G_I = 4$) verglichen. Die schattierten Bereiche werden ausgeblendet, da sie für den hier betrachteten Anwendungshintergrund keine Aussage liefern.

Die in Tabelle 2.1 dargestellten Untersuchungsergebnisse zeigen, dass bei einer Intervalllänge $L_I = 4$ mit einem Grenzwert $G_I = 2$ und bei einer Intervalllänge $L_I = 5$ mit $G_I = 3$ nahezu alle Wendepunkte (98%) erkannt werden. Es ist allerdings auch festzustellen, dass bei dieser sehr sensitiven Abstimmung zahlreiche manuell nicht markierte Wendepunkte ("falsch Erkannte") mit detektiert werden. Bei einem größeren Grenzwert $G_I = 4$ bzw. $G_I = 5$ ist ein solches Verhalten wesentlich geringer ausgeprägt. Dafür werden aber mehrere evidente Wendepunkte nicht erkannt. Zusammenfassend ist festzuhalten, dass die neu entwickelte Vorgehensweise Wendepunkte sehr gut erkennt. Der Algorithmus ist in der Lage reale Messkurven, die für die betrachteten Messungen übliche Störungen enthalten, zu verarbeiten. Die Parameter L_I und G_I können so eingestellt werden, dass alle Wendepunkte erkannt werden. Die Abstimmung der Parameter ist entsprechend der betrachteten Datenbasis und der Fragestellung der Untersuchung empirisch vorzunehmen.

Eine weitere Aufgabe der Vorverarbeitung besteht im Entfernen bzw. Korrigieren der Messkurven um die Werte bei E_0. Die Aufbereitung ist für die Vergleichbarkeit der ein-

L_I	G_I	ERKANNTE [%]	NICHT ERKANNTE [%]	FALSCH ERKANNTE [%]
4	2	55 [98]	1 [2]	129 [230]
4	4	51 [91]	5 [9]	19 [34]
5	3	55 [98]	1 [2]	90 [161]
5	5	49 [88]	7 [13]	12 [21]

Tab. 2.1: Ergebnis der Evaluierung des Algorithmus zur Wendepunktbestimmung. Aufgeführt sind die Ergebnisse für die Intervalllängen $L_I = 4$ und $L_I = 5$ mit den Grenzwert $G_I = 2$ bzw. $G_I = 4$ und $G_I = 3$ bzw. $G_I = 5$. Die Gesamtanzahl der in den Kurvenabschnitten manuell markierten Wendepunkte beträgt 56. Auf den Wert 56 sind die in Klammern angegebenen Prozentangaben bezogen.

zelnen Perioden bzw. Abschnitte der Messkurve notwendig. Sie hat entscheidenden Einfluss auf das Ergebnis der verlaufsdatenbasierten Gruppierung (vgl. Abschnitt 2.4.2). Im Weiteren werden drei unterschiedliche Vorgehensweisen diskutiert. Bei allen drei Verfahren werden die Daten abschließend auf den neuen Wert bei E_{max} normiert.

Als erste Möglichkeit ist es denkbar, nur den Messwert W_{E_0} am Beginn der Messperiode (E_0 steigender Abschnitt) von der gesamten Messperiode zu subtrahieren. Ein solches Vorgehen wird traditionellerweise eingesetzt und liefert Perioden, deren absoluter Werteverlauf untereinander vergleichbar ist. Nachteilig an dem Vorgehen ist, dass bei einer abschnittsweisen Betrachtung der Messperioden die einzelnen Abschnitte nicht vergleichbar sind. So wird der Messwert $W(E_0)$ des steigenden Abschnitts immer auf Null korrigiert, wohingegen der Wert $W(E_0)$ des fallenden Abschnitts durch das remanente Verhalten des Untersuchungsobjekts (DUT) in der jeweiligen Messperiode bestimmt ist.

Die zweite Variante der Aufbereitung geht auf den oben genannten Nachteil ein und realisiert eine Vergleichbarkeit aller Abschnitte. Dabei wird die gleiche Berechnungsvorschrift wie beim ersten Vorgehen eingesetzt, wobei die Durchführung aber abschnittsweise erfolgt. Damit werden alle Messwerte $W(E_0)$ auf Null korrigiert. Die Informationen zur Remanenz des DUT gehen bei der zweiten Aufbereitungsvariante verloren.

Die dritte Vorgehensweise ist nur für Polarisationskurven geeignet. Bei der Polarisationsmessung an einem DUT mit kleinem Isolationswiderstand R_{iso} ergibt sich das Problem, dass die messtechnisch erfasste Ladung nicht der Polarisation entspricht. Das ist durch das Messprinzip bedingt (vgl. Abschnitt 1.2.2.2 und 3.3.3). Ist der Isolationswiderstand bekannt, beispielsweise aus einer Messung mit dem neuen Messsystem (vgl.

Abschnitt 3), kann es je nach Fragestellung der Untersuchung sinnvoll sein, die Messkurven vor einer Gruppierung um die Ladungsanteile aus dem Isolationswiderstand zu korrigieren. Die Vergleichbarkeit der Kurvenform bezogen auf Polarisationsvorgänge wird dadurch erhöht. Das hierzu erarbeitete Vorgehen wird detailliert in Abschnitt 3.3.3 beschrieben. Im folgenden Abschnitt werden die erste und zweite Möglichkeit und deren Einfluss auf die verlaufsdatenbasierte Gruppierung näher diskutiert.

2.4.2 Verlaufsdatenbasierte Gruppierung

In dem Abschnitt wird die "direkte" Nutzung der normierten Verlaufsdaten für die Gruppierung der Kurvenform diskutiert. Dazu soll ein Clusterverfahren (vgl. Abschnitt 1.2.4.2) eingesetzt werden. Ein Clusterverfahren gruppiert einen Datensatz in Gruppen von Datentupeln (Cluster) mit möglichst minimalen Eigenschaftsunterschieden in der Gruppe und maximalen Unterschieden zwischen den Gruppen. Dabei sind die Gruppen zu Beginn der Clusterung nicht bekannt [135], [184].

In einem ersten Schritt muss ein Cluster-Algorithmus bzw. ein Abstandsmaß identifiziert werden, das für die Großsignal-Messkurven geeignet ist. Die Auswahl muss auf die Datenstruktur passen und die Unterschiede in den Kurvenverläufen (Kurvenform) bestmöglich wiedergeben können. Außerdem ist ein robustes Vorgehen zum Bestimmen der Cluster-Anzahl zu finden, welche die Struktur der Daten am Besten repräsentiert. Da die Gruppierung automatisiert durchgeführt werden soll, muss der hierzu eingesetzte Algorithmus unüberwacht arbeiten. Dazu ist es notwendig, eine Kennzahl (Validierungsmaß) oder einen Algorithmus zu verwenden, der sowohl die Einheitlichkeit der Kurven in einem jeweiligen Cluster als auch die Sinnfälligkeit der Cluster-Grenzen beurteilt.

In [121] wird die automatisierte Interpretation von Zeitreihen am Beispiel von (klinischen) Bewegungskurven diskutiert. Die Kurven sind von ihrer mathematischen Charakteristik vergleichbar mit den Großsignal-Messkurven aus dem hier diskutierten Anwendungsfeld. Der favorisierte Fuzzy-C-Mean (FCM) Algorithmus mit Euklidischer Distanz erfüllt die oben für die Großsignal-Kurven formulierten Anforderungen sehr gut. FCM basiert auf dem K-Mean-Algorithmus [135]. Der Algorithmus beginnt mit der Festlegung einer Anzahl von Gruppen (Cluster), die jeweils durch ein Clusterzentrum beschrieben werden. Im nächsten Schritt wird für jedes Datentupel das Clusterzentrum mit dem geringsten Abstand bestimmt und das Datentupel der entsprechenden Gruppe zugeordnet. Sind alle Datentupel einer Gruppe zugeordnet, wird das Clusterzentrum einer jeden Gruppe aus den dazugehörigen Datentupeln neu bestimmt [125]. Das Vorgehen wird rekursiv durchgeführt, bis eine optimale Gruppierung erreicht ist [184]. Beim K-Mean-Algorithmus gehört jedes Datentupel zu nur einer Gruppe (scharfe Zugehörigkeit). Werden auch (unscharfe) Zugehörigkeiten eines Datentupels zu mehreren Gruppen zugelassen, heißt der Algorithmus FCM.

Des Weiteren scheint das in [121] vorgeschlagene Vorgehen zur Bestimmung der optimalen Cluster-Anzahl für die hier betrachtete Anwendung ebenfalls geeignet. Es beruht auf der rekursiven Clusterung der Daten mit steigender Cluster-Anzahl, bis das Validierungsmaß Trennungsgrad ein erstes Minimum erreicht. Der Trennungsgrad (vgl. A.3) ist ein Clusterbewertungsmaß, welches die Güte einer Clusterung quantifiziert.

Das in [121] vorgeschlagene Vorgehen soll für die Gruppierung in der vorliegenden Arbeit genutzt werden. Es gilt somit im Folgenden zu zeigen, dass der gewählte Ansatz für die Spezifika der Kurvenformerkennung von Großsignal-Messkurven geeignet ist. Außerdem werden notwendige Anpassungen bzw. Erweiterungen vorgeschlagen, die das Gruppierungsergebnis bezüglich der spezifischen Fragestellung bei der Analyse von Großsignal-Messkurven wesentlich verbessern. Die dem FCM-Algorithmus und dem Trennungsgrad zugrundeliegenden mathematischen Formulierungen sind im Anhang A.3 dargestellt. Für die Durchführung der Berechnungen wurde das Programmpaket Gait-CADv1.4 [136] benutzt.

Für die folgenden Ausführungen wird ein Beispieldatensatz benutzt. Er besteht aus Polarisations- und Dehnungskurven von fünf Untersuchungsobjekten (DUT). Das Material der DUTs ist bleifreie Piezokeramik mit unterschiedlichen Dotierungen. Die fünf DUTs bestehen aus zwei DUTs gleicher Zusammensetzung und drei weiteren mit unterschiedlicher Zusammensetzung. Alle DUTs wurden bei drei Feldstärken (2, 3 und $4\,\mathrm{kV/mm}$) über jeweils fünf aufeinander folgende Perioden vermessen. Die folgenden Ausführungen zeigen exemplarisch Analyseergebnisse für die Dehnungskurven $s(E(t))$. Das beschriebene Vorgehen und die Ergebnisse sind auf Grund eigener Untersuchungen genauso für die Polarisationskurven $P(E(t))$ gültig. Für die Clusterung wurde der FCM-Algorithmus mit einem Fuzzifier $q = 2$ (vgl. A.3) gewählt. Der Fuzzifier steuert wie sehr die Cluster möglicherweise überlappen [106]. Es wurden gleichmäßig verteilte Cluster-

Startzentren verwendet. Als Abstandsmaß hat sich die Euklidische Distanz bewährt. Das hier vorgestellte Vorgehen und die beschriebenen Ergebnisse konnten in weiteren Tests mit anderen Datensätzen bestätigt werden [33].

In einer ersten Betrachtung wird der Einfluss der Messwertkorrektur bei E_0 diskutiert. Hierzu werden die Variante 1 und 2 der Aufbereitung aus Abschnitt 2.4.1 verglichen. In der Abbildung 2.17 sind die Dehnungskurven des fallenden Abschnitts und eine Clusterung mit vier Cluster-Zentren beispielhaft dargestellt. Wie in der Abbildung zu erkennen ist, wirken sich die unterschiedlichen Werte bei E_0 der Variante 1 negativ auf die Gruppierung der Kurvenform aus. Zum einen führen Kurven mit sehr großem Abstand vom Durchschnitt aller Kurven zu eigenen Clustern (Cluster 4/4 im linken Diagramm), die nicht durch die Kurvenform sondern nur durch die Absolutwerte bestimmt sind. Zum anderen werden Kurven mit gleicher Form auf Grund ihrer Absolutwerte in andere Cluster gruppiert. Das ist bei der unterschiedlichen Zuordnung der Kurven in die Cluster 1/4 und 2/4 zu erkennen. Die Aufbereitungsvariante 2 liefert bei der Gruppierung bezüglich der Kurvenform wesentlich bessere Ergebnisse. Eine Nutzung der Variante 1 ist nur zu bevorzugen, wenn die Absolutwerte der Kurvenform in die Gruppierung maßgeblich eingehen sollen. Für die folgenden Betrachtungen wird die Verarbeitungsvariante 2 zu Grunde gelegt.

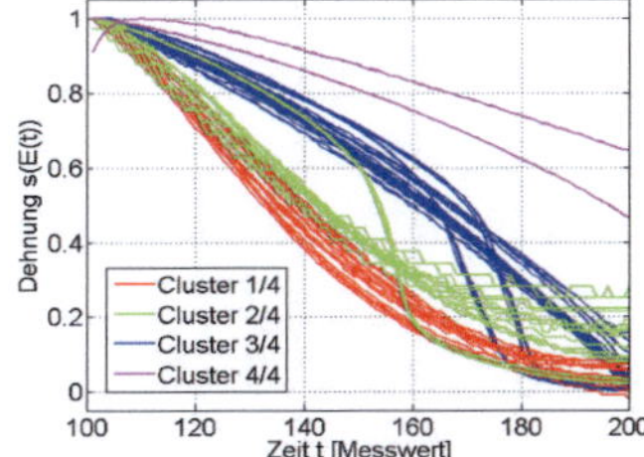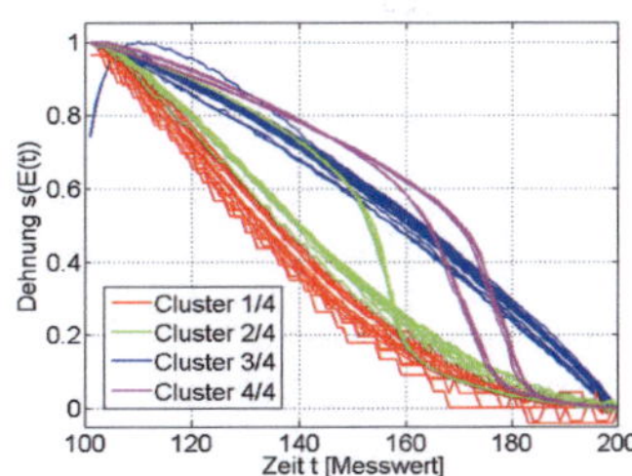

Abb. 2.17: links: geclusterte Dehnungskurven ohne Korrektur, rechts: geclusterte Dehnungskurven mit Korrektur

Für die Gruppierung eines unbekannten Datensatzes mit Großsignal-Messkurven hat sich folgendes Vorgehen als praxistauglich erwiesen. Nach der Vorverarbeitung der Kurven (Variante 2) werden die Daten der wiederholten Clusterung mit steigender Cluster-Anzahl unterzogen. Dabei wird jeweils die in [135] vorgestellte Entwurfsphase eines Clusterverfahrens durchlaufen. In jedem Zyklus wird der Trennungsgrad berechnet. Die bei der wiederholten Clusterung bestimmten Trennungsgrade sind in Tabelle 2.2 aufgeführt.

CLUSTER-ANZAHL	2	3	4	5	6	7
Trennungsgrad	3.22	2.00	0.66	0.80	5.90	2.31

Tab. 2.2: Trennungsgrade der in Abbildung 2.18 gezeigten Clusterungen

Das iterative Vorgehen wird bis zum Erreichen des ersten Minimums in der Folge der Trennungsgrade wiederholt. Das erste Minimum signalisiert die optimale Cluster-Anzahl für den Datensatz. Dabei beurteilt der Trennungsgrad die Abstände zwischen den Clustern und bestraft einen zu engen Abstand zwischen den beiden am nächsten benachbarten Clustern [135]. Das erste Minimum in dem Beispiel und damit eine optimal Trennung der Cluster liegt bei einer Cluster-Anzahl von vier.

Die Abbildung 2.18 illustriert das Vorgehen am Beispieldatensatz. Bei Vorgabe von zwei bzw. drei als Cluster-Anzahl (obere Diagrammreihe) können noch nicht alle Kurvenformen des Datensatzes erfasst werden. Ab sechs Cluster beginnt eine ungewünschte Aufspaltung von Clustern mit grundsätzlich gleicher Form aber unterschiedlicher Ausprägung der absoluten Kurvenverläufe (Werte). Das ist beispielsweise beim Übergang von Cluster 5/5 zu den Clustern 5/6 und 6/6 zu sehen. Die Clusterung mit vier bzw. fünf Clustern erreichen eine sehr gute Erkennung der Kurvenformen. Nach Auswertung des Trennungsgrades liegt wie oben beschrieben bei vier Clustern eine optimale Trennung vor. Das Ergebnis der Clusterung zeigt, dass auch bei optimaler Trennung noch ein sehr inhomogenes Cluster (Cluster 2/4) vorhanden ist. Die weitere Behandlung der Inhomogenität wird im Folgenden adressiert.

Für die Beurteilung der Homogenität bzw. die Aufspaltung von Inhomogenitäten in den einzelnen Clustern ist eine zusätzliche Bewertung notwendig. Hierzu werden die bei der Clusterung bestimmten unscharfen Zugehörigkeiten der Kurven zu den Clustern ge-

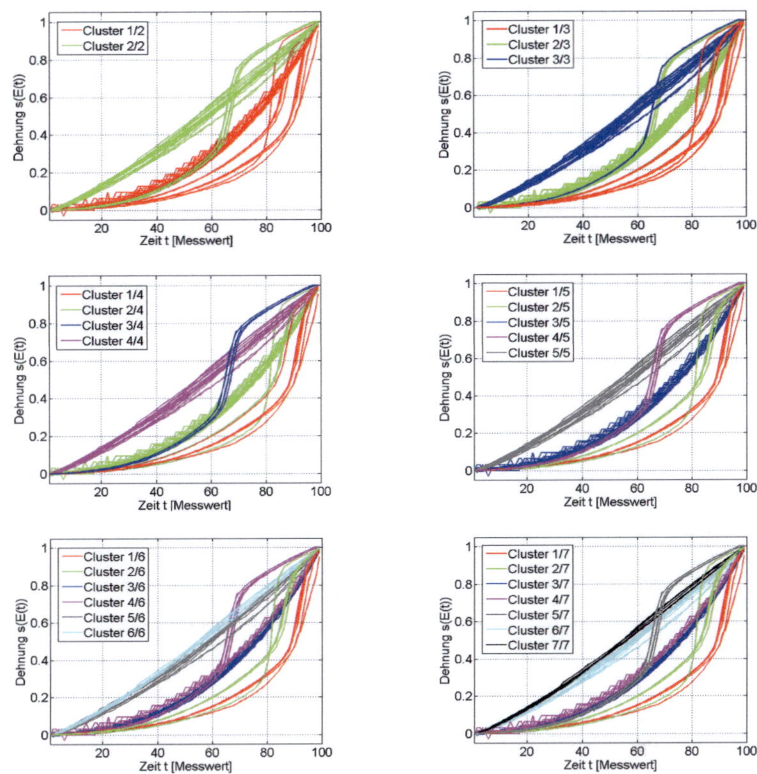

Abb. 2.18: Wiederholte Clusterung des Beispieldatensatzes mit steigender Cluster-Anzahl

nutzt. Ist die Zugehörigkeit einer Kurve eher mehrdeutig, also besteht eine sehr heterogene Verteilung der Zugehörigkeit der Kurve zu den Clustern, ist davon auszugehen, dass die Kurve sich von den anderen Kurven in ihrem Cluster unterscheidet. Das betreffende Cluster besteht damit aus Kurven, deren Eigenschaften nicht homogen sind. Das Cluster setzt sich aus Subclustern zusammen. Zur Identifikation von Subclustern ist es somit sinnvoll, clusterweise zu Prüfen, ob es Kurven gibt, die auch hohe Zugehörigkeitsanteile von anderen Clustern haben. Ist das der Fall, wird das Cluster einer erneuten Clusterung mit dem oben beschriebenen Algorithmus unterzogen. So kann die Anzahl und Verteilung der Subcluster bestimmt werden, welche die Datenstruktur bestmöglich wiedergeben.

Die Abbildung 2.19 illustriert das eben beschriebene Vorgehen zur Identifikation von Subclustern am Beispieldatensatz. Im linken Diagramm ist die Zugehörigkeitsverteilung für die optimale Cluster-Anzahl von vier dargestellt. Die Zugehörigkeit mehrerer Kurven im Cluster 2/4 (grün) stellt sich als heterogen dar. Die Kurven weisen große Zugehörigkeitsanteile aus Cluster 1/4 (rot) auf. Wird das Cluster-Ergebnis in Abbildung 2.18 dazu verglichen, kann das augenscheinlich auch bestätigt werden. Die Clusterung des Clusters 2/4 ergibt die in Abbildung 2.19 rechts dargestellte Gruppierung. Der Algorithmus ermittelt die zwei Subcluster erfolgreich. Das Vorgehen kann entweder manuell oder automatisiert unter nutzerdefinierter Vorgabe eines Schwellwertes für die Summe der Zugehörigkeitsanteile anderer Cluster durchgeführt werden.

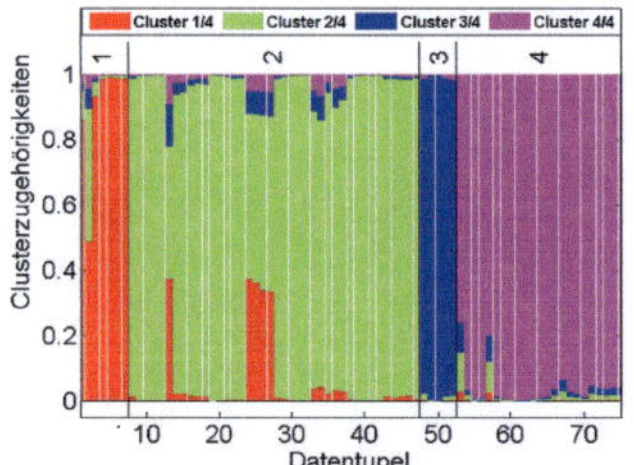
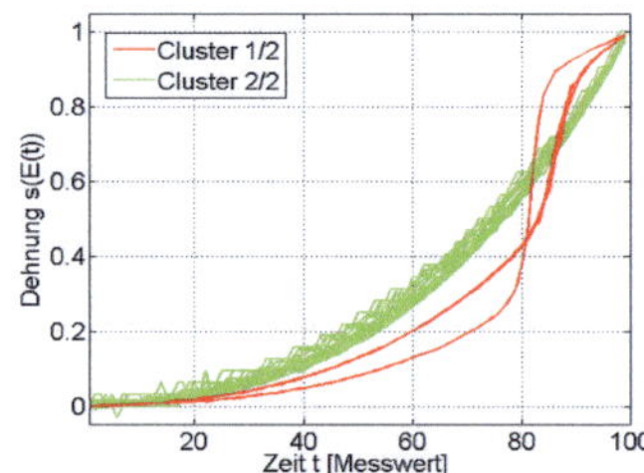

Abb. 2.19: links: Cluster-Zugehörigkeit nach Clusterung des gesamten Beispieldatensatzes, rechts: Ergebnis der Clusterung des Clusters 2/4 mit erfolgreicher Identifikation der zwei Subcluster

Mit dem hier präsentierten neuen Ansatz zur automatisierten Analyse von Großsignal-Messkurven ist die unüberwachte Gruppierung der Messkurven nach ihrer Form erstmals erfolgreich umgesetzt. Im Gegensatz zum merkmalsbasierten Ansatz ist die Berechnung von dritten Größen (Merkmalen) zur Gruppierung der Messkurven nicht notwendig. Die in der Vorverarbeitung bestimmten Kenngrößen können aber gewinnbringend für die detaillierte Beschreibung der Kurveneigenschaften in den ermittelten Clustern genutzt werden. Insbesondere die erstmals automatisiert berechneten Wendepunkte liefern wichtige quantitative Zusatzinformationen, wie z.B. bei welcher Feldstärke ein Maximum im Großsignal-Piezokoeffizienten d_{33}^* auftritt. Sie können für materialwissenschaftliche Betrachtung (vgl. [112]) zusätzlich genutzt werden. Auch bei der Auswertung von Messungen an Materialien mit elektrisch induzierten Phasenschaltprozessen ist die Kenntnis des Wendepunktes von höchstem Interesse, da er die zum Schalten notwendige Feldstärke markiert. Des Weiteren kann durch die R_{iso}-Korrektur (vgl. dritte Variante Abschnitt 2.4.1) ein Verfahren bereitgestellt werden, welches das Polarisationsverhalten von Materialien mit unterschiedlichen R_{iso} vergleichbar macht.

Die nach dem obigen Verfahren gefundenen Kurvencluster können in einem weiteren Schritt noch klassifiziert werden. Das Ziel der Klassifikation ist die Bestimmung der Zugehörigkeit der gefundenen Kurvencluster zu bekannten bzw. vorgegebenen Kurvenformen (Klassen). Damit ist auch die gezielte Einteilung der Kurvencluster in physikalische Materialklassen möglich. Die Klassen müssen vom Nutzer vorgegeben werden. Zur Klassifikation wird eine Abstandsberechnung zwischen der Mittelwertskurve der ermittelten Kurvencluster und den vorgegebenen Klassen durchgeführt. Über die Streuungskurve der Kurvencluster kann eine entsprechende Übereinstimmung von Cluster und Klassen beurteilt werden. Das Vorgehen entspricht der Anwendungsphase eines Clusterverfahrens (vgl. [135]). Die Interpretation der Ergebnisse bleibt dem Nutzer überlassen, da nur er die spezifische Fragestellung (Untersuchungsziel) kennt und somit eine Interpretation der Daten vornehmen kann.

3 Neues Messsystem für mehrdimensionale Großsignal-Belastung

3.1 Überblick

Die zielgerichtete und (kosten)effektive Entwicklung neuer, zuverlässiger piezokeramischer Aktorelemente benötigt eine ausgereifte und methodisch gut durchdachte Messtechnik. Aufgabe der Messtechnik ist die Quantifizierung von Materialkennwerten, die Bestimmung des Betriebsverhaltens sowie die Charakterisierung von unter Belastung auftretender Schadensvorgänge. Die aktuell stattfinde Suche nach bleifreien piezokeramischen Aktorwerkstoffen stellt hier neue Herausforderungen. Die betrachteten Materialsysteme zeigen teilweise Eigenschaftsprofile, die mit dem bekannten Verhalten von bleihaltigen Materialsystemen nicht vergleichbar sind. Entsprechend muss die Messtechnik an neuen Bedürfnisse angepasst werden.

Bei der Erkundung neuer Materialzusammensetzungen (Phasenräume) mit zusätzlicher Variation von Dotierungen und Prozessierung zur Eigenschaftsverbesserung entstehen eine Vielzahl von Proben, für die entsprechende Untersuchungen durchgeführt werden müssen. So wurden beispielsweise in dem 2007 abgeschlossenen Projekt "Bleifreie Piezokeramiken für die Aktorik (DelLead)" [32] ca. 14800 Materialien und etwa 17000 Messdatensätze erzeugt [132]. Folglich besteht ein großer Bedarf an einer Hochdurchsatzcharakterisierung (HTC) und großer Flexibilität.

Ähnliche Frage- und Problemstellungen stehen bei der Entwicklung von Mikrosystemen (MEMS) mit aktorischen Elementen. In dem stetig wachsenden Anwendungsbereich ist das aktorische Element durch eine sehr fokussierte Spezialisierung und damit einhergehender Diversität in Aufbau, Geometrie sowie Betriebs- und Belastungsprofil beschrieben. Das hat zur Folge, dass für jedes Mikrosystem der komplette Zyklus der Charakterisierung von den effektiv erreichten Materialeigenschaften im aktorischen Element bis hin zum Nachweis der Zuverlässigkeit durchlaufen werden muss. Hinzu kommt das jeweils die Herstellungstechnologie auf das spezifische Mikrosystem angepasst und optimiert werden muss.

Für die Bestimmung der standardisierten Kleinsignal-Werte und der Großsignal-Messkurve (P-E bzw. s-E) steht kommerzielle Messtechnik zur Verfügung. Sie ist für die manuelle Messung von einzelnen Proben ausgelegt. In den letzten Jahren wurde die Messtechnik um ein automatisiertes Probenhandling erweitert und so an die oben formulierten HTC-Anforderungen angepasst [193], [102]. Für die Analyse der Mikrostruktur mittels Rasterkraftmikroskopie (AFM) [89] und auch für die Röntgendiffraktometrie (XRD) [208] sind ebenfalls entsprechende Ansätze zur automatisierten Messung größerer Probenzahlen verfügbar.

Für die HTC-fähige Bestimmung des Betriebsverhaltens und insbesondere für die Charakterisierung von Schadensvorgängen ist die Situation wesentlich komplexer. Der sich aus der großen Probenanzahl ergebende Aufwand wird zusätzlich durch zumeist sehr lange Messzeiten deutlich verschärft. Die meisten Untersuchungen erfordern zudem ein mehrdimensionales Belastungsprofil, welches sich aus der elektrischen Ansteuerung, mechanischen Lasten und Umweltfaktoren wie Feuchtigkeit und Temperatur zusammensetzt. Die Erfassung der Kenngrößen muss zumeist in-situ erfolgen. Oftmals ist die getrennte Erregung verschiedener Schadensvorgänge nicht oder nur schwer möglich.

Das in den Abschnitten 3.2 und 3.3 vorgestellte Messsystem soll einen wesentlichen Beitrag zur Bewältigung der eben formulierten Problematik liefern. In der vorliegenden Arbeit stehen die zwei Anwendungsfelder Entwicklung bleifreier Materialien für piezokeramische Aktoren und die Entwicklung von piezokeramischen Mikroaktoren für MEMS im Fokus. Die dabei zu adressierenden Fragestellungen werden in den folgenden zwei Abschnitten 3.1.1 und 3.1.2 detailliert erläutert. Der Abschnitt 3.1.3 fasst die Anforderungen an das Messsystem kurz zusammen.

3.1.1 Fragestellung bei der Entwicklung bleifreier Piezokeramiken

Bleifreie Piezokeramiken sind schon seit Mitte des 20. Jahrhunderts bekannt. Vor allem Barium-Titanat (BT) wurde umfassend erforscht. Die Forschungsergebnisse zeigen, dass nur die Modifikation durch Blei zu einem stabilen Aktorwerkstoff mit einem technisch gut nutzbaren Eigenschaftsprofil führt. Zusätzlich modifizierte Derivate des

Werkstoffes, so genannte PZT-Keramiken, bilden eine morphotrope Phasengrenze (vgl. Abschnitt 1.2.1). Sie weist technisch wünschenswerte Eigenschaften wie sehr hohe Piezokoeffizienten ($d_{33} > 300 \cdot 10^{-12}$ C/N), hohe Curie-Temperatur ($T_C > 200\,^\circ$C) und gute Permittivitätszahl ($\varepsilon > 1000$) auf. Des Weiteren lassen sich PZT basierte Werkstoffe mit klassischer Keramik-Prozesstechnik reproduzierbar herstellen und sind in weiten Bereichen sowie bei gutmütiger Sensitivität modifizierbar [195], [162].

Auf Grund der Eigenschaften ist PZT-Keramik der meist genutzte Werkstoff für aktorische Elemente. Mit der Einführung eines Verbotes von Blei in elektronischen Bauteilen durch die EU-Direktive "Restriction of the use of certain hazardous substances (ROHS)" [52] darf PZT nur noch so lange eingesetzt werden, bis ein Werkstoff mit vergleichbaren Eigenschaften verfügbar ist.

Die Materialsysteme Bismut-Natrium-Titanat (BNT), Kalium-Natrium-Niobat (KNN), Barium-Titanat (BT) und Lithium-Niobat (LN) wurden als aussichtsreiche bleifreie Materialsysteme identifiziert und stehen derzeit im Fokus der Forschung [178]. Ohne noch zu findende Dotierungen sind die genannten Materialzusammensetzungen technisch nur begrenzt nutzbar [100], [126]. Sie weisen eine zu niedrige Einsatztemperaturgrenze (niedriges T_C), zu kleine Piezokoeffizienten (d_{33}, d_{31}), einen zu niedrigen Isolationswiderstand (R_{iso}) und zusätzlich auftretende Phasenumwandlungen auf. Des Weiteren zeigt sich, dass die Materialsysteme mit klassischer Keramik-Prozesstechnik nicht reproduzierbar hergestellt werden können [13], [38], [213]. Daher ist es notwendig, neue Prozessrouten und -parametergrenzen zu erkunden, die stabile Materialeigenschaften garantieren.

Werden die Problemstellungen bei der Produktion von technisch nutzbarer bleifreier Piezokeramik aus physikalischer Sicht betrachtet, so sind folgende Phänomene zu adressieren:

- Erkundung von Leitungsmechanismen und Ursachen der Widerstandsdegradation

- Einfluss von (Luft-)feuchtigkeit bei Prozessierung, Lagerung und Betrieb auf den Isolationswiderstand R_{iso} [13], [38]

- Temperaturstabilität [100]

- Trennung von Oberflächen- und Volumeneffekten (Sinterhaut, offene/geschlossene Porosität)

- Wirkung von Medien (Silikon, Benzin etc.).

Für die wissenschaftliche Erforschung der Phänomene kann auf einen reichen Fundus von vorhandenen Messtechniken und -geräten zurückgegriffen werden. Neben den bereits oben genannten Techniken sind hier beispielhaft LockIn-Verstärker Messtechnik [243] und lokale Strom-Spannungsmessung [115] zu nennen. Die Techniken sind zur detaillierten Untersuchung von Einzelproben geeignet. Ungelöst ist gegenwärtig, wie zielgerichtet Proben bereitgestellt werden können, die den zu untersuchenden Schadensmechanismus zeigen und in ihrem Schadensverlauf ein bestimmtes Stadium erreicht haben. Hierzu wird in Abschnitt 3.2 ein neues Messsystem vorgestellt, welches zum Monitoring von Schadensverläufen und zur gezielten Erzeugung von vorgeschädigten Proben geeignet ist [20].

3.1.2 Fragestellung bei der Entwicklung von Mikrosystemen

Vergleichbare Fragestellungen treten bei der Entwicklung von mikroaktorischen Elementen für Mikrosysteme (MEMS) auf. Hier ist das aktorische Element im Vergleich zum vorangegangenen Abschnitt weniger durch die Variation des Materialsystems als vielmehr durch die Diversität in Aufbau und Geometrie charakterisiert. Die Vielfalt erklärt sich durch die Optimierung der Einzelkomponenten in MEMS für die jeweilige Anwendung. Des Weiteren ist das Betriebs- und Belastungsprofil sehr anwendungsspezifisch und die Herstellungstechnologie wird auf das spezifische Mikrosystem angepasst.

Damit ist es bei der Entwicklung von Aktoren für MEMS, neben der Nutzung von Erfahrungswissen (vgl. Abschnitt 2.2), oftmals notwendig, gezielte experimentelle Untersuchungen zur Aufklärung von Fehlermoden durchzuführen. Im Fokus der Untersuchungen stehen:

- Oberflächeneffekte: Bildung von Leitpfaden [235], Materialzersetzung

- Überschläge an Strukturgrenzen und bei Langzeitbelastung

- Effekte im (Mehr)lagenaufbau: Delamination, Rissbildung [226], Diffusion der Innenelektrode, Alterung

- Bulkeffekte: Diffusion, Alterung, mikro- und makroskopische Rissbildung [110]

- Einfluss von Umweltbedingungen (Temperatur, Feuchtigkeit, Medien).

Tritt der zu untersuchende Fehlermode unter elektrischer Gleichspannung (VDC) auf und lässt sich durch Kleinsignal-Werte (C, $tan\delta$) oder durch den Isolationswiderstand (R_{iso}) erkennen, so kann das in Abschnitt 3.2 neu entwickelte Messsystem zum Monitoring des Schadensverlaufes eingesetzt werden. Des Weiteren können bei kontinuierlichem Monitoring mittels der in Abschnitt 3.3.1 vorgestellten Erkennung von Artefakten Signaturen von transienten Schadensereignissen im Messsignal erkannt werden.

Des Weiteren stellt sich insbesondere bei MEMS die Frage nach Fertigungsstreuungen und reproduzierbarer Fertigungsqualität. Die Herstellung von MEMS erfolgt oftmals in größeren Stückzahlen. Daher ist es von gesteigertem Interesse, statistische Kenngrößen wie beispielsweise Ausfallwahrscheinlichkeiten und Fertigungstoleranzen zu untersuchen. Zur Bearbeitung der Fragestellungen muss das neue Messsystem wie unten dargestellt HTC-fähig sein.

3.1.3 Entwicklungsziel

Ziel ist die Entwicklung eines Messsystems, welches speziell die oben aufgeführten Phänomene bei der Entwicklung von bleifreier Piezokeramik adressiert. Die Anwendung ist in der Material- und Grundlagenentwicklung von piezokeramischen Bauteilen zu sehen. Bezüglich MEMS wird die Charakterisierung ganzer aktorischer Baugruppen angestrebt.

Im Vordergrund steht das Monitoring bei Zuverlässigkeitsuntersuchung und die Erkundung von Schadensphänomenen und -verläufen. Dabei wird eine Möglichkeit zur Beobachtung von Materialveränderungen bei elektrischer Großsignal-Belastung und unter Variation der Umweltbedingungen (Temperatur, Feuchtigkeit) gesucht. Hierzu sind geeignete Messgrößen auszuwählen und deren Bestimmung in einem HTC-fähigen Messsystem umzusetzen. Mit dem Messsystem soll der Schadensverlauf quantifiziert werden. Die Belastung soll zu einem gewünschten Zeitpunkt abgebrochen werden, so dass nähere Untersuchungen zu dem sich eingestellten Materialzustand durchgeführt werden können.

3.2 Neues Messsystem

Ziel ist die Bestimmung der Parameter Isolationswiderstand R_{iso}, Ersatzkapazität C_p und -widerstand R_p bei zeitgleicher Belastung des Untersuchungsobjekts (DUT) mit einer Hochspannung. Dabei ist der Isolationswiderstand der Widerstand des DUT bei reiner Gleichspannungsbelastung (siehe Abschnitt 1.2.2.2). Für die Beschreibung der Kleinsignal-Parameter des DUT bei Wechselspannung wird das in Abschnitt 1.2.2.1 eingeführte Modell eines RC-Gliedes zugrunde gelegt.

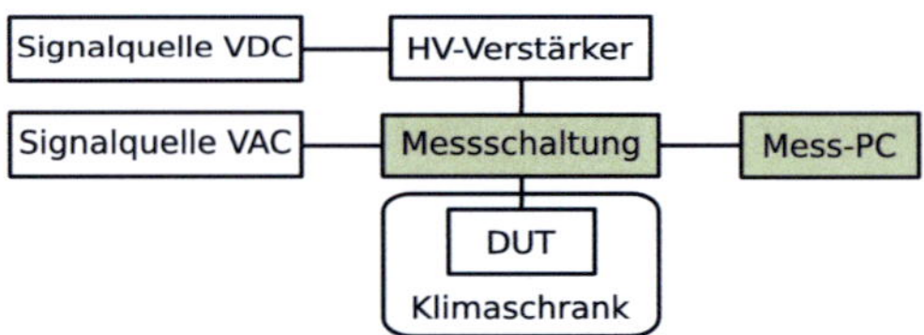

Abb. 3.1: Schematischer Aufbau des Messsystems zur Bestimmung der Kleinsignal-Daten R_p, C_p und des Isolationswiderstandes R_{iso} auf hohem Potenzial. Die grün markierte Messschaltung und die dazugehörige Software für den Mess-PC wurden neu entwickelt.

Das Messsystem wie es in Abbildung 3.1 dargestellt ist, setzt sich aus kommerziellen Komponenten und einer in der vorliegenden Arbeit entwickelten elektrischen Messschaltung zusammen. Die Messschaltung hat drei Aufgaben:

- Anlegen einer konstanten Hochspannung U_{DC}

- Aufmodulation einer Wechselspannung U_{AC} mit wesentlich kleinerer Amplitude

- Messung des resultierenden Stromes durch das Untersuchungsobjekt (DUT).

Die kommerziellen Komponenten stellen alle notwendigen Eingangssignale und Belastungsgrößen bereit. Die Signalquelle VAC ist eine Spannungsquelle, die das Wechselsignal U_{AC} bereitstellt. Der Hochvolt-Verstärker (HV-Verstärker) in Verbindung mit einem Sollwert aus der Signalquelle VDC liefert die Hochspannung U_{DC}. Der PC mit Messsystem realisiert die Digitalisierung und Aufzeichnung der Messwerte U_{AC} und U_{R_3} (siehe auch Abschnitt 4.4.1). Für Messungen mit Variation der Umweltbedingungen Temperatur und Feuchtigkeit wird das DUT in einem Klimaschrank untergebracht. Eine zusätzliche Belastung des DUT durch Medien (Diesel, Formiergas etc.) ist ebenfalls umsetzbar. Der elektrische Anschluss des DUT erfolgt über entsprechende Kabeldurchführungen. Für die Verkabelung wird ein speziell auf die Hochspannung und Umweltbedingungen angepasstes Kabelmaterial verwendet, um Störungen durch Effekte wie Kriechströme, Teilentladungen etc. im Kabelaufbau zu minimieren [95].

Die Gleichspannung liegt typischerweise im Bereich von mehreren 100 V bis kV. Die obere Grenze von 1 kV bei dem in der vorliegenden Arbeit realisierten Aufbau ergibt sich aus der maximalen Betriebsspannung der verwendeten Kondensatoren und des HV-Verstärkers und kann somit bei Verwendung anderer Komponenten auch höher liegen. Das Wechselsignal hat typischerweise eine Frequenz von 1 kHz und eine Amplitude von 1 V. Die Variation der Frequenz auf Werte außerhalb von 1 kHz ist möglich. So sind mit dem Messsystem auch Messungen zum Monitoring des Materialverhaltens in Frequenzbereichen außerhalb der oftmals verwendeten 1 kHz möglich. Eine entsprechend angepasste Dimensionierung der Schaltung muss berücksichtigt werden (siehe Abschnitt 3.2.2.3). Bei der Betrachtung der oberen Grenze der Messfrequenz ist auch die Abtastfrequenz des verwendeten Analog-Digital-Wandlers bei der Aufzeichnung der Messsignale zu beachten (siehe Abschnitt 4.4.1). Eine komplette Liste der verwendeten Geräte ist im Anhang B.1 zu finden.

Der im folgenden Abschnitt vorgestellte Schaltungsaufbau beschreibt ein einkanaliges System. Damit das Messsystem den Anforderungen von HTC gerecht wird, müssen mehrere Kanäle parallel betrieben werden. Dabei ist es für die reproduzierbare Nachbildung von Fehlermoden von entscheidender Bedeutung, dass die Hochspannung U_{DC} bis zum Erreichen des Abbruchkriteriums kontinuierlich anliegt (vgl. Abschnitt 1.2.1.3). Das Abbruchkriterium für die elektrische Belastung des DUT wird durch ein Minimum des Isolationswiderstandes R_{iso} definiert. DUTs, die das Abbruchkriterium erreicht haben, müssen automatisiert von der elektrischen Belastung getrennt werden. Die Trennung des DUT erfolgt über ein Relais. Für die Erkennung der Widerstandsdegradation wird der Gleichanteil des Messsignals U_{R_3} (vgl. Abschnitt 3.2.2.1) ausgewertet. Er kann über eine eigens entwickelte Schaltung (siehe Anhang B.3) mittels einer Referenzspannung erfolgen. Alternativ sind eine softwareseitige Auswertung des Messsignals und entsprechende eine Ansteuerung des Abschaltrelais durch den Mess-PC möglich.

3.2.1 Schaltungsaufbau und Funktionsprinzip

Die Abbildung 3.2 zeigt die entwickelte Messschaltung. Die Geräte Signalquelle VAC
und Signalquelle VDC mit HV-Verstärker sind in der Darstellung durch idealisierte
Komponenten (Spannungsquellen) ersetzt. Ein vergleichbarer Schaltungsaufbau wird
schon in [97] zum Monitoring der Kapazitätsveränderung und zur Bestimmung der to-
talen Energiefreisetzungsrate bei unterkritischem Risswachstum eingesetzt, wobei aber
im Unterschied zu der vorliegenden Arbeit die Strommessung bei R_3 zur Kapazitätsbe-
stimmung durch eine aufwändige Elektronik realisiert wurde.

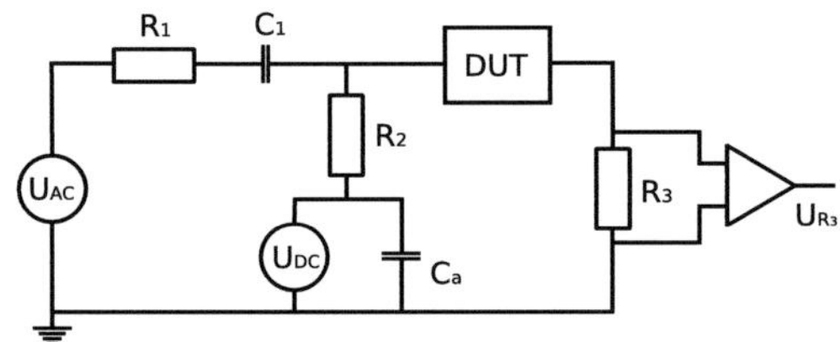

Abb. 3.2: Idealisiertes Modell der Schaltung des Messsystems

Das Funktionsprinzip des Messsystems basiert auf dem Superpositionsprinzip von Spannungsquellen in elektrischen Schaltungen [124]. Dieses besagt, dass sich im gegebenen Fall die Gleichspannung und Wechselspannung aus den zwei Signalquellen addi-
tiv überlagern. Die physikalische Gesetzmäßigkeit wird in dem Messsystem zweifach
genutzt. Erstens wird die für die Bestimmung der Ersatzgrößen R_p und C_p benötigte Wechselspannung U_{AC} kapazitiv über C_1 auf die Hochspannung U_{DC} aufmoduliert.
Zweitens setzt sich das stromproportionale Messsignal U_{R_3} an dem im Erdpfad befindlichen Shuntwiderstand R_3 aus einem Gleichanteil und einem Wechselanteil zusammen.
Der Gleichanteil kann R_{iso} zugeordnet werden und entspricht dem Stromfluss durch das
DUT auf Grund der Hochspannung U_{DC}. Der Wechselanteil ist die Systemantwort der
gesamten Schaltung einschließlich des DUT auf die aufmodulierte Wechselspannung
U_{AC}. Der Wechselanteil ist durch das Amplitudenverhältnis und den Phasenwinkel bezüglich U_{AC} charakterisiert. Die Messwerte werden genutzt, um mit Hilfe eines analytischen Modells der Schaltung die gesuchten Parameter des DUT numerisch durch Rück-

rechnung zu bestimmen. Abbildung 3.3 illustriert die beschriebene Funktionsweise des Messsystems.

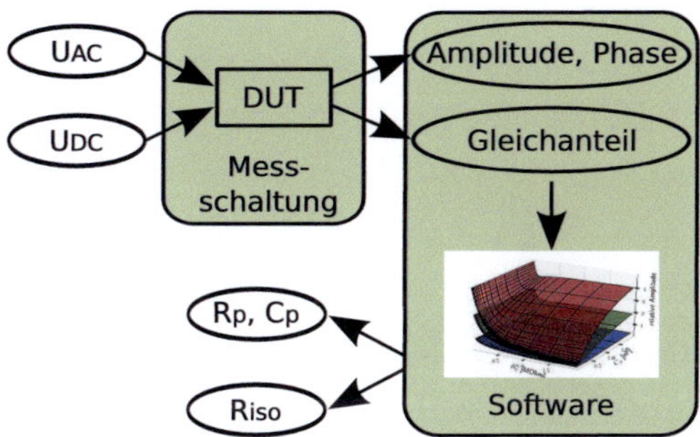

Abb. 3.3: Funktionaler Aufbau des Messsystems zur Bestimmung der Kleinsignal-Daten R_p, C_p und des Isolationswiderstandes R_{iso} auf hohem elektrischen Potenzial. Die grün markierten Komponenten sind neu.

3.2.2 Modellbildung

Ziel der Modellbildung ist es, eine mathematische Beschreibung zu finden, die ausgehend von den Messwerten zur Rückrechnung auf die gesuchten Ersatzparameter des DUT dient. Das Modell wird des Weiteren zur Dimensionierung der Messschaltung genutzt. Hierzu steht entweder eine Modellbildung auf Basis der analytischen, idealisierten Beschreibung der Schaltung oder die numerische Lösung für die systembeschreibenden Differentialgleichungen des Schaltungsaufbaus zur Auswahl. Im zweiten Fall besteht prinzipiell die Möglichkeit, reale Bauelemente abzubilden und somit das wahre Schaltungsverhalten sehr gut modellieren zu können. Für die praktische Umsetzung stehen zahlreiche freie ([72], [74], [174]) und auch kommerzielle Softwareumgebungen ([34], [119], [4]) zur sogenannten Spice-Simulation zur Verfügung. Der Vorteil der Abbildung realer Bauelemente kann im gegebenen Fall aber nicht effektiv genutzt werden, da für die kritischen Elemente der Schaltung (HV-Verstärker, Operationsverstärker) keine nutzbringenden Modelle verfügbar sind. Ein weiterer Nachteil ist die notwendige Einbindung von externer Software, was neben Verfügbarkeit und eventl. Lizenzgebühren bzw.

-konflikten auch erhöhten Aufwand in der Interfacestruktur bedeutet. Daher wurde für die vorliegende Arbeit der Weg des analytischen Modells beschritten.

Das erstellte Modell besteht aus zwei Teilen. Der erste Teil beschreibt das Gleichspannungsverhalten der Schaltung und dient der Ermittlung des Isolationswiderstandes R_{iso}. Der Isolationswiderstand wird im Großsignal bestimmt und beschreibt den Ohmschen Widerstand des Materials (vgl. Abschnitt 1.2.2.2). R_{iso} ist eine sehr wichtige Kenngröße für aktorische Anwendungen, da er ein Maß für die im Betrieb auftretenden Verluste ist. Mit sinkendem Isolationswiderstand steigt die Eigenerwärmung des Aktorelements im Betrieb an.

Der zweite Teil beschreibt das dynamische Verhalten bei der durch U_{AC} vorgegebenen Messfrequenz. Dabei wird das Kleinsignal-Verhalten des Materials erfasst und die Kenngrößen C_p und R_p werden bestimmt (vgl. Abschnitt 1.2.2.1). Weiterführende Zusammenhänge der Kenngrößen R_{iso}, C_p und R_p werden in Abschnitt 3.3.3 ausgeführt. Die beiden Teile des Modells werden im Folgenden näher dargestellt.

3.2.2.1 Gleichspannungsverhalten – Isolationswiderstand R_{iso}

Im Gleichspannungsfall ist nur die Hochspannung in der rechten Masche der Messschaltung (siehe Abbildung 3.2), bestehend aus R_2, R_3 und dem DUT, wirksam, da der Kondensator C_1 den Rest der Schaltung isoliert. Die Kapazität des DUT ist im statischen Zustand für das Übertragungsverhalten ebenfalls nicht wirksam, so dass das DUT nur durch den Isolationswiderstand R_{iso} abgebildet wird. Der Glättungskondensator C_a muss, wie detailliert in Abschnitt 3.2.2.4 dargestellt, ebenfalls nicht betrachtet werden. R_{iso} berechnet sich aus

$$I(R_2 + R_{iso} + R_3) = U_{DC} \tag{3.1}$$

und

$$I = \frac{U_{R_3}}{R_3} \tag{3.2}$$

zu

$$R_{iso} = \frac{U_{DC}R_3}{U_{R_3}} - (R_2 + R_3), \tag{3.3}$$

wobei sich U_{R_3} aus dem Messwert am PC-Messsystem geteilt durch die Verstärkung des Instrumentenverstärkers ergibt.

3.2.2.2 Wechselspannungsverhalten – Ersatzparameter C_p, R_p

Ziel ist die Berechnung der Übertragungsfunktion der Messschaltung für Wechselsigna-
le. Mit der Übertragungsfunktion kann auf die Impedanz Z_p des DUT, bestehend aus der
Parallelschaltung von R_p und C_p, zurückgerechnet werden. Für die Berechnung können
die Bauelemente der Messschaltung R_1, R_2, R_3, C_1 und die Messgrößen Amplituden-
verhältnis $\left|\frac{U_{R_3}}{U_{AC}}\right|$ sowie Phasenwinkel Φ zwischen Spannungssignal U_{R_3} und dem Ein-
gangssignal U_{AC} als gegeben angenommen werden. Die Bestimmung der Messgrößen
ist in Abschnitt 3.3 detailliert beschrieben. Die Übertragungsfunktion leitet sich aus den
Spannungsverhältnissen (siehe Abbildung 3.2)

$$\frac{U_{R_2}}{U_{AC}} = \frac{R_2 \parallel (Z_p + R_3)}{(R_1 + Z_{C1}) + R_2 \parallel (Z_p + R_3)} \tag{3.4}$$

und

$$\frac{U_{R_3}}{U_{R_2}} = \frac{R_3}{R_3 + Z_p} \tag{3.5}$$

in den zwei Maschen der Schaltung her. Das Einsetzen von (3.4) in (3.5) liefert für das
gesuchte Amplitudenverhältnis $\left|\frac{U_{R_3}}{U_{AC}}\right|$ den Ausdruck

$$\frac{U_{R_3}}{U_{AC}} = \frac{R_2 \parallel (Z_p + R_3)}{(R_1 + Z_{C1}) + R_2 \parallel (Z_p + R_3)} \cdot \frac{R_3}{R_3 + Z_p}$$

$$\frac{U_{R_3}}{U_{AC}} = \frac{\frac{R_2(Z_p+R_3)}{R_2+Z_p+R_3}}{R_1 + Z_{C1} + \frac{R_2(Z_p+R_3)}{R_2+Z_p+R_3}} \cdot \frac{R_3}{R_3 + Z_p} \tag{3.6}$$

Nach konjungiert komplexer Erweiterung von

$$\frac{U_{R_3}}{U_{AC}} = \frac{z_1}{z_2} = \frac{a_1 + ib_1}{a_2 + ib_2} = \frac{a_1 a_2 + b_1 b_2}{a_2^2 + b_2^2} + i\frac{a_2 b_1 - a_1 b_2}{a_2^2 + b_2^2} = a + ib \tag{3.7}$$

resultiert

$$\frac{U_{R_3}}{U_{AC}} = a + ib. \tag{3.8}$$

a und b sind dabei Polynome in den gegebenen Größen R_1, R_2, R_3, C_1, R_p, C_p, ω. Die
vollständigen Polynome für a und b und weitere Zwischenschritte des Rechenweges sind
aus Gründen der Übersichtlichkeit im Anhang B.4 aufgeführt.

a und b stehen über folgende zwei Ausdrücke mit den Messgrößen Amplitudenverhältnis und Phasenwinkel in Beziehung:

$$\left|\frac{U_{R_3}}{U_{AC}}\right| = \sqrt{a^2 + b^2} \qquad (3.9)$$

$$\Phi = \arctan\frac{b}{a} \qquad (3.10)$$

Die sich daraus ergebenden Kennfelder für eine ausgewählte Dimensionierung der Messschaltung sind in Abbildung 3.4 dargestellt. Aus den Gleichungen (3.9) und (3.10) lassen sich die gesuchten Ersatzparameter R_p und C_p bestimmen. Da eine analytische Lösung für C_p und R_p nicht gefunden wurde, wird ein numerischer Ansatz zur Lösung verfolgt. Beginnend mit einem Startwert sucht ein Optimierer mit einem gradientenbasierten Suchalgorithmus nach einer Lösung, bis der berechnete Wert einer vorgegeben Fehlerschranke genügt.

3.2.2.3 Dimensionierung

Auf Basis der in Abschnitt 3.2.2 vorgestellten analytischen Beschreibung der Messschaltung kann der Einfluss einzelner Bauelemente auf das Schaltungsverhalten studiert werden. Die Dimensionierung der Messschaltung für ein spezifisches DUT entspricht einer Optimierungsaufgabe. Dabei wird die optimale Konfiguration von R_1, R_2, R_3 und C_1 in Abhängigkeit des verwendeten, durch C_p, R_p und R_{iso} gegebenen, DUT gesucht. Hier muss nicht nur ein Arbeitspunkt, sondern weiterhin die durch die erwarteten Eigenschaftsveränderungen definierte Umgebung betrachtet werden. Das über R_3 resultierende und analog vorverstärkte Messsignal (siehe Abschnitt 3.2) muss in seiner Amplitude an den Messbereich des Mess-PC angepasst werden. Der Phasengang des Messsignals sollte über den angestrebten Wertebereich des DUT möglichst keine lokalen (relativen) Extrema aufweisen, da sonst die optimiererbasierte Berechnung von C_p und R_p (vgl. Abschnitt 3.2.2.2) bei ungünstigen Startwerten falsche Ergebnisse liefert.

Die Quantifizierung des Optimums ist schwierig und durch mess- und schaltungstechnische Randbedingungen überlagert. Dabei ist zusätzlich zu beachten, dass R_{iso} aus dem VDC-Großsignal resultiert und C_p und R_p durch ein additives VAC-Kleinsignal

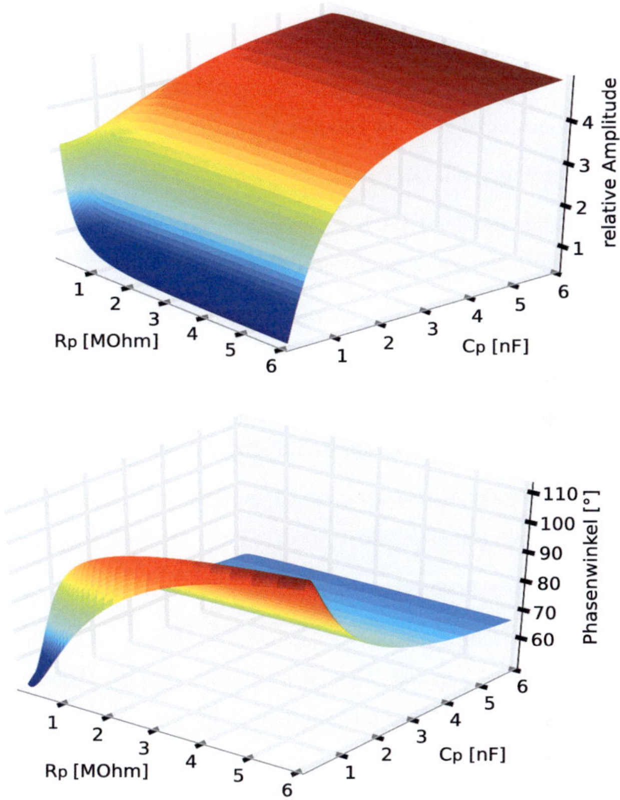

Abb. 3.4: oben: Amplitudenfeld, unten: Phasenfeld; jeweils über den Ersatzparametern C_p und R_p des DUT (Schaltungsdimensionierung: $R_1 = 1000\,\Omega, C_1 = 2000\,\text{pF}, R_2 = R_3 = 100\,\text{k}\Omega, f = 1000\,\text{Hz}$)

bestimmt werden. Für die Berechnung lassen sich die zwei Signalbereiche wie oben beschrieben separieren. Im Schaltungsaufbau sind die Signalbereiche aber über die Bauelemente der Schaltung gekoppelt, da die Bauelemente in beiden Bereichen wirksam sind. Aus der Kopplung resultieren zusätzliche Randbedingungen für die Dimensionierung.

Für die zielgerichtete und effektive Dimensionierung der Messschaltung auf spezielle Anwendungsfälle (DUTs) ist es auf Grund der Mehrdimensionalität des Auslegungsproblems sinnvoll, den theoretischen Suchraum in einem ersten Schritt durch reale Gegebenheiten aus den Randbedingungen einzuschränken. Dazu müssen folgende Werte gegeben sein bzw. a priori festgelegt werden:

- maximal zur Verfügung stehende Spannung, welche zumeist durch die verwendete HV-Spannungsquelle definiert ist $\rightarrow U_{DC}$

- benötigte Spannung am DUT $\rightarrow U_{iso}$

- Widerstandsbereich des DUT bei Gleichspannung, definiert durch die erwarteten Extremwerte im Belastungsprofil $\rightarrow R_{iso}^{min}, R_{iso}^{max}$.

Aus den somit definierten Spannungen U_{DC} und U_{iso} bestimmt sich die Widerstandssumme mit

$$R_2 + R_3 = \frac{(U_{DC} - U_{iso})R_{iso}^{min}}{U_{iso}}. \tag{3.11}$$

Es ist dabei zu testen, ob folgende Randbedingungen erfüllt sind:

- Einhaltung der Belastbarkeitsgrenzen (Spannung, Leistung) der in der Messschaltung verwendeten Bauelemente,

- Verfügbarkeit des benötigten Dauerstrombedarfs aus der HV-Spannungsquelle auch im Fall von R_{iso}^{min}.

Mit der Gleichung (3.11) kann die Widerstandssumme $R_2 + R_3$ als Nebenbedingung für die weitere Dimensionierung bestimmt werden.

Im Weiteren sind die Werte für die einzelnen Bauelemente unter der Nebenbedingung zu bestimmen. Dabei ist das Optimierungsziel durch zwei Bedingungen gegeben. Zum einen muss die Messspannung U_{R_3} an den Messbereich des Mess-PC angepasst werden. Zum anderen dürfen die Gradienten sowohl der Phasenkennfläche als auch des Amplitudenfeldes über den angestrebten Wertebereich von C_p und R_p möglichst keine lokalen (relativen) Extrema zeigen. Die einzelnen Bauelemente haben den im Folgenden dargestellten Einfluss auf das Übertragungsverhalten.

Einfluss von R_2 und R_3 Bei Betrachtung des VDC-Großsignal-Bereichs ist festzustellen, dass sich der Widerstand R_3 direkt auf den Gleichanteil im Messsignal auswirkt. Eine Vergrößerung von R_3 führt zu einer proportionalen Erhöhung des Messsignals. Im VAC-Signalbereich ist zusätzlich die Stromteilung im Knoten nach C_1 und die

Wirkung von C_p zu beachten. Die Variation von R_2 und R_3 unter der Nebenbedingung $R_2 + R_3 = konst.$ ergibt das in Abbildung 3.5 dargestellte Übertragungsverhalten.

Den Diagrammen in der Abbildung 3.5 ist zu entnehmen, dass bei einem Widerstandsverhältnis R_2/R_3 von ungefähr 1 (grüne Flächen) das Optimierungsziel erreicht wird. Bei den Werten ist die Messspannung U_{R_3} für die messtechnische Erfassung ausreichend groß. Die resultierenden Kennfelder zeigen gut ausgeprägte Gradienten ohne ungünstige lokale Extrema, so dass die Auswertung mit dem gradientenbasierten Suchalgorithmus gut möglich ist.

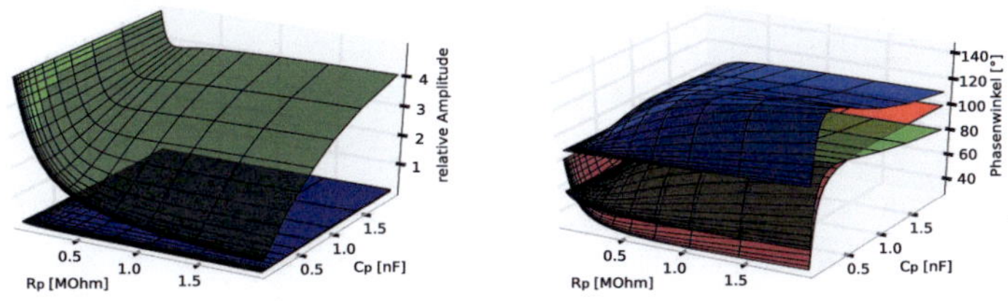

Abb. 3.5: links: Feld des Amplitudenverhältnisses, rechts: Phasenkennfläche bei konstanter Summe $R_2 + R_3 = 200\,\mathrm{k\Omega}$. blau $\rightarrow R_2 = 1\,\mathrm{k\Omega}, R_3 = 199\,\mathrm{k\Omega}$, grün $\rightarrow R_2 = 100\,\mathrm{k\Omega}, R_3 = 100\,\mathrm{k\Omega}$, rot $\rightarrow R_2 = 199\,\mathrm{k\Omega}, R_3 = 1\,\mathrm{k\Omega}$

Koppelkapazität C_1   Mit steigender Koppelkapazität C_1 nimmt das Amplitudenverhältnis zu. Die Phasenlage verschiebt sich zu größeren Phasenwinkeln mit unverändertem Verlauf über R_p und C_p. Die Abbildung 3.6 zeigt den Zusammenhang. Bei der Dimensionierung von C_1 ist somit für den gewünschten Messbereich ein angepasster Kapazitätswert zu wählen.

Messfrequenz f   Die aufgeprägte Messfrequenz hat großen Einfluss auf die Gestalt des Übertragungsverhaltens der Schaltung. Durch eine Absenkung der Messfrequenz ist es möglich, Kennfelder (blaue Flächen) zu erhalten, die frei von lokalen Extrema sind. Abbildung 3.7 stellt den Sachverhalt für eine ausgewählte Konfiguration der Messschaltung dar. Derartige Kennfelder können die Genauigkeit der Auswertung verbessern.

Nachteilig sind die sich dabei einstellenden geringen Amplitudenverhältnisse, welche aus messtechnischen Gründen die Signalqualität negativ beeinflussen. Nähere Darstellungen hierzu sind in Abschnitt 3.4 zu finden.

Für die praktische Durchführung der Dimensionierung der Messschaltung auf ein spezifisches DUT wurde ein Softwaremodul entwickelt. Mit der Software kann das Schaltungsverhalten bei Variation von einem oder mehreren Parametern der Messschaltung berechnet und graphisch dargestellt werden. Weitere Details zur Implementierung sind in Abschnitt 4.4.5 aufgeführt.

3.2.2.4 Einfluss Glättungskapazität C_a und Hochvolt-Verstärker

Die Glättungskapazität C_a ist parallel zum Hochvolt-Verstärker (HV-Verstärker) geschaltet. Sie dient der Filterung (Glättung) des Ausgangssignals des Verstärkers. Die Integration von C_a in das Messsystem ist notwendig, da der verwendete Verstärker intern mit 200 kHz getaktet arbeitet und sich der Arbeitstakt in sehr kurzen Spannungsspitzen im Ausgabesignal niederschlägt. Für Messungen mit gemittelten Werten (Bestimmung von C_p, R_p, R_{iso}) ist der Einfluss der Störungen von untergeordneter Relevanz. Bei Messungen, die auf transiente Ereignisse am DUT abzielen, ist die Eigenschaft aber von entscheidendem Nachteil, da die Spannungsspitzen aus dem Verstärker nicht sicher von Ereignissen wie Funkenüberschlägen oder Entladungen im Probenmaterial unterschieden werden können.

In Messungen konnte gezeigt werden, dass sich der Einsatz von C_a wie theoretisch erwartet nicht in der Übertragungsfunktion niederschlägt und somit für das Modell nicht

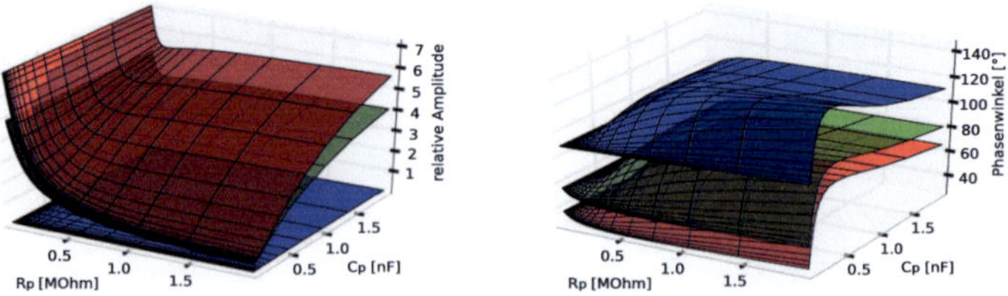

Abb. 3.6: links: Feld des Amplitudenverhältnisses, rechts: Phasenkennfläche bei $R_2 = R_3 = 100\,\text{k}\Omega$ mit blau $\rightarrow C_1 = 20\,\text{pF}$, grün $\rightarrow C_1 = 2\,\text{nF}$, rot $\rightarrow C_1 = 4\,\text{nF}$

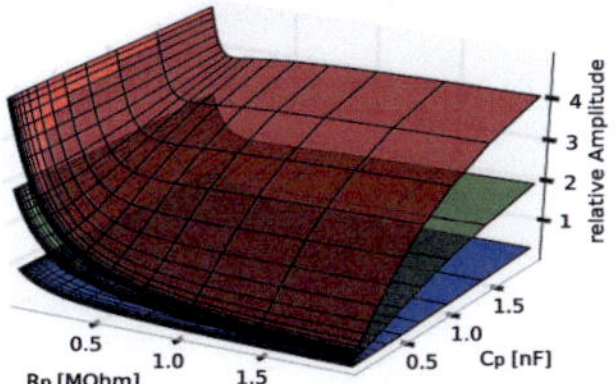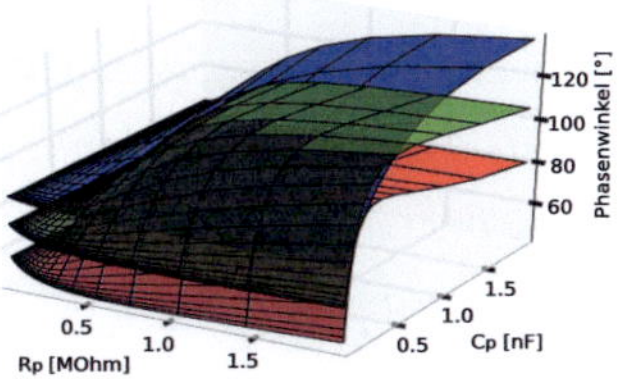

Abb. 3.7: links: Feld des Amplitudenverhältnisses, rechts: Phasenkennfläche bei $R_2 = R_3 = 100\,\mathrm{k\Omega}$ mit blau $\rightarrow f = 150\,\mathrm{Hz}$, grün $\rightarrow f = 500\,\mathrm{Hz}$, rot $\rightarrow f = 1000\,\mathrm{Hz}$

beachtet werden muss. Der Kondensator wirkt somit nur als zusätzliche Ladungsreserve der Ansteuerelektronik (vgl. Abschnitt 2.2.2). Eine detaillierte Darstellung der hierzu durchgeführten Messungen ist im Anhang B.2.3 zu finden.

3.2.3 Realisierung

Für die in Abschnitt 3.4 beschriebenen Messungen wurde eine ausgewählte Dimensionierung für piezokeramische Tablettenproben als einkanalige Leiterkarte aufgebaut. Das Layout wurde mit OrCAD [34] erzeugt und auf einer Leiterkartenfräse umgesetzt. Der Schaltplan mit Layout und die Bestückungsliste kann dem Abschnitt B.2 im Anhang entnommen werden.

Es ist möglich, ein mehrkanaliges Messsystem mit der Messschaltung aufzubauen. Dazu werden eine Signalquelle VAC und ein HV-Verstärker benötigt. Die Messschaltung muss für jeden Kanal einzeln vorhanden sein. Die Auftrennung der einzelnen Kanäle ist jeweils nach der Signalquelle VAC und dem HV-Verstärker. Hierzu wurde eine abschaltbare Messschaltung entwickelt. Beim Unterschreiten eines einstellbaren Isolationswiderstandes wird das DUT automatisch vom HV-Verstärker getrennt und so eine Zerstörung des DUT durch zu hohe Eigenerwärmung (Stromfluss) verhindert. Eine Dokumentation des Schaltungsaufbaus ist im Anhang B.3 zu finden.

Für die Schadensanalyse am degradierten DUT ist es zielführend, das DUT bei Unterschreitung eines Grenzwiderstandes R_{iso}^{limit} von der elektrischen Belastung zu trennen. Eine solche Funktion ist in der mehrkanaligen Messschaltung implementiert. Bei Erreichen von R_{iso}^{limit} trennt ein Relais das DUT von der Hochspannung. Als Schaltschwelle wird ein variabel einstellbarer Stromwert gewählt. Der Stromwert wird durch die entsprechende Spannung über R_3 repräsentiert und hinter dem Differenzenverstärker über R_3 abgegriffen. Das Erkennen der Schaltschwelle erfolgt mittels eines Komperators, der die Spannung der Schaltschwelle mit der aktuell auftretenden Spannung vergleicht. Die Einstellung der Schaltschwelle wird über ein Potentiometer realisiert. Ist die Schaltschwelle überschritten, schaltet der Komperator den Steuereingang des Relais und die Verbindung zwischen DUT und Hochspannung wird getrennt.

Für die Messdatenerfassung wurde ein Mess-PC mit einer Messkarte [59] verwendet. Die eingesetzte Hard- und Software wird in Abschnitt 4.4.1 detailliert beschrieben. Für die Auswertung der Messdaten und die robuste Bestimmung der Kenngrößen wurden in der vorliegenden Arbeit angepasste Algorithmen entwickelt. Im folgenden Abschnitt werden die Algorithmen vorgestellt. Ausführungen zur Implementierung sind in Abschnitt 4.4.2 zu finden.

3.3 Datenauswertung

Das Messsystem besteht neben der oben beschriebenen Hardware aus Softwaremodulen, die der Analyse und Auswertung der Messsignale dienen. Die Bearbeitung der aufgezeichneten und digitalisierten Signale findet dabei in Abschnitten (Frames) mit definierter Länge (M Messwerte) statt. Die Analyse der Daten ist ein mehrstufiger Algorithmus. In einem ersten Schritt, der Vorverarbeitung (Abschnitt 3.3.1), werden die Daten für die Kenngrößenbestimmung aufbereitet. Anschließend werden die gesuchten Kenngrößen R_p, C_p, R_{iso}, wie unten in Abschnitt 3.3.2 beschrieben, aus den Messdaten berechnet.

3.3.1 Vorverarbeitung

Für die genaue und stabile Kenngrößenbestimmung im Abschnitt 3.3.2 ist es notwendig, Störungen im Messsignal (Artefakte) zu erkennen und betroffene Datenabschnitte zu extrahieren. Als Artefakte sollen höherfrequente Signalanteile, die nicht zum verwendeten sinusförmigen Messsignal gehören, verstanden werden. Die Signalanteile resultieren entweder aus überlagerten elektromagnetischen Störungen anderer Geräte im Messumfeld oder aus transienten Vorgängen im Untersuchungsobjekt (DUT) wie Randüberschläge, (Teil)entladungen etc. [26]. Auf Grund der zu geringen Abtastrate des verwendeten Messsystems (vgl. Abschnitt 4.4.1) können die Signalanteile zeitlich nicht aufgelöst werden. In den Messdaten werden die Artefakte somit nur durch einige wenige Messpunkte abgebildet. Der gesuchte Algorithmus zur Artefakterkennung muss folgende Anforderungen erfüllen:

- Der numerische Aufwand soll möglichst gering sein, so dass die Datenvorverarbeitung schnell durchführbar ist.

- Es sollen alle Artefakte erkannt werden, die den Algorithmus zur Kenngrößenbestimmung stören. Da der Algorithmus auf der Mittelwertbildung von Amplituden- und Phasenwerten beruht, müssen alle Artefakte detektiert werden, die die Mittelwertbildung über die Länge des betrachteten Frames signifikant beeinflussen.

- Positive Fehlerkennungen (Signalabschnitt ohne Artefakt wird als Artefakt erkannt) sollen minimal gehalten werden, stellen aber bei geringem Auftreten prinzipiell kein Problem dar.

Für die Auswahl geeigneter Methoden zur Erkennung der Artefakte ist es zunächst notwendig, die betreffenden Messsignale U_{AC} und U_{R_3} genauer zu charakterisieren. Sie liegen als äquidistant digitalisierte Messwerte vor. Das Signal U_{AC} ist ein monofrequentes Sinussignal mit fester Frequenz, welches von einem kommerziellen Funktionsgenerator (vgl. Abschnitt B.1) erzeugt wird und somit einen sehr geringen Rauschanteil zeigt. Die Wahrscheinlichkeit, dass es Artefakte in dem Signal gibt, ist bedingt durch den Messaufbau sehr gering. Kommt es zu Artefakten im Signal, schlagen sie sich auch im Signal U_{R_3} nieder. Das Signal U_{R_3} ist ebenfalls sinusförmig mit der gleichen Grundfrequenz wie U_{AC}, hat aber zumeist einen Gleichanteil und ist von Störungen und Rauschen überlagert. Außerdem sei vorausgesetzt, dass das DUT über die Länge eines Frames stabile Eigenschaften aufweist. Damit ist garantiert, dass U_{R_3} keine signifikante Drift im Mittelwert zeigt. Die Varianz von Amplitudenverhältnis und Phase sei ausreichend klein.

Das Erscheinungsbild von Artefakten lässt sich auf drei kritische Signalpositionen abbilden. Sie sind in Abbildung 3.8 aufgeführt. Für die drei Artefakttypen wurden jeweils Testsignale auf Basis eines realen, artefaktfreien Messsignals erstellt. Dabei wurde die Amplitude der Artefakte zusätzlich variiert. Die Testsignale dienten zur Untersuchung der Leistungsfähigkeit des im Folgenden vorgestellten Algorithmus.

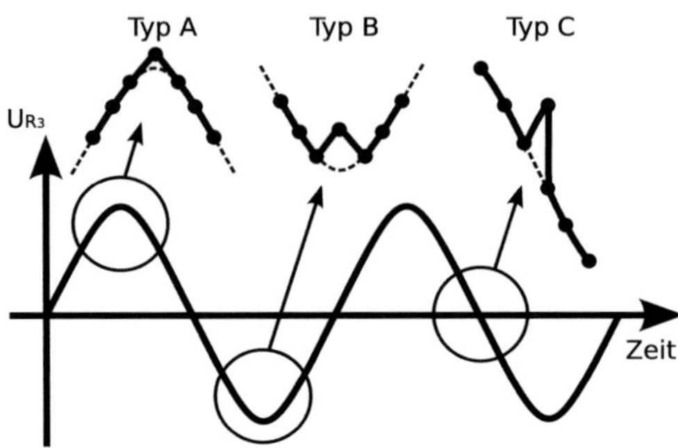

Abb. 3.8: Drei Fehlertypen, die für die Erkennung von Artefakten im Messsignal U_{R_3} betrachtet werden. Der weiterhin denkbare Typ, dass ein Artefakt im Nulldurchgang in negative U_{R_3} Richtung auftritt, kann für den hier betrachteten Anwendungsfall als vergleichbar mit Typ C angesehen werden.

Aus der Vielzahl von Methoden der digitalen Signalverarbeitung wurden auf Basis von Literaturangaben und durch eigene Anwendungsversuche mit Testsignalen (reale Messdaten) ein Filter und ein histogrammbasiertes Verfahren ausgewählt. Das Arbeitsprinzip eines Filters nutzt die zeitliche Abfolge der Messwerte und liefert als Ergebnis ein ebenfalls zeitreferenziertes Signal. Hingegen bildet das histogrammbasierte Verfahren die Eigenschaft ganzer Signalabschnitte in einer Kenngröße oder Häufigkeitsverteilung ab. Auf Grundlage der beiden Methoden wurde jeweils ein Algorithmus zur Erkennung der Artefakte neu entwickelt. Das prinzipielle Vorgehen ist bei beiden Verfahren gleich. Zuerst wird das Verfahren angewendet und anschließend wird mit einem Schwellwert als Gütekriterium die Erkennung der Artefakte umgesetzt. In einem weiteren Schritt werden die gefundenen Signalabschnitte mit Artefakt jeweils an den angrenzenden Nullstellen aus dem Messsignal entfernt. Zusätzlich können die Signalabschnitte oder der Zeitpunkt des Artefakts für weitere Analysen gespeichert werden.

Voruntersuchungen ergaben, dass das histogrammbasierte Verfahren bei weitem nicht die Leistungsfähigkeit des filterbasierten Verfahrens erreicht. Mit dem Verfahren können kaum vereinzelte Artefakte (wenige Messpunkte) erkannt werden, ohne dass es bei der dazu notwendigen Parametrisierung zu einer Vielzahl von positiven Fehlerkennungen kommt. Das Verfahren ist somit nur für die Erkennung von großen Entladungen geeignet, die aber zumeist auch wesentlich einfacher durch einen Schwellwertvergleich detektiert werden können. Daher wird im Folgenden nur das filterbasierte Verfahren vorgestellt. Der für die Voruntersuchung genutzte Algorithmus des histogrammbasierten Verfahrens ist im Anhang B.5.1 kurz beschrieben.

Als Filter wurde das in der Bildverarbeitung zur Kantenerkennung sehr häufig eingesetzte Sobel-Filter ausgewählt. Im eindimensionalen Anwendungsfall wird die Filterung durch Faltung mit den Masken $[-1, 0, 1]$ und $[1, 2, 1]$ realisiert [205], [77]. Den zur Artefakterkennung neu aufgestellten Algorithmus zeigt die Abbildung 3.9. Die Signalanalyse erfolgt semikontinuierlich. Das heißt, die Filterberechnung wird abschnittsweise vorgenommen, aber die Artefaktposition im Signal wird genau aufgelöst. Der Algorithmus beginnt mit einer zweifachen Anwendung des Sobel-Filters. Hierzu wird nur das potentiell artefaktbehaftete Signal U_{R_3} genutzt. Berechnungsbeispiele für die drei Artefakttypen sind im Anhang B.5.2 abgebildet.

Das resultierende Signal wird mit zwei Schwellwerten S_F^{min} und S_F^{max} verglichen. Bei Verletzung einer der Schwellwerte liegt ein Artefakt an der betreffenden zeitlichen Position im Signal vor. Die Schwellwerte berechnen sich aus den Maxima E_n^{max} bzw. Minima E_n^{min} der einzelnen Signalperioden n des gefilterten, sinusförmigen Messsignals U_{R_3} nach den Formeln

$$S_F^{max} = \frac{1}{N} \sum_{n=1}^{N} E_n^{max} + f_F \cdot \sqrt{\frac{1}{N} \cdot \sum_{i=1}^{N} (E_n^{max} - \frac{1}{N} \sum_{i=n}^{N} E_n^{max})^2} \qquad (3.12)$$

$$S_F^{min} = \frac{1}{N} \sum_{i=1}^{N} E_n^{min} - f_F \cdot \sqrt{\frac{1}{N} \cdot \sum_{i=1}^{N} (E_n^{min} - \frac{1}{N} \sum_{i=n}^{N} E_n^{min})^2} \qquad (3.13)$$

Dabei ist N die Anzahl der Signalperioden in dem betrachteten Abschnitt von U_{R_3}. Der Faktor f_F ist ein freier Parameter, der zur Einstellung der Sensitivität des Algorithmus genutzt wird. Der Wert von f_H wird empirisch festgelegt.

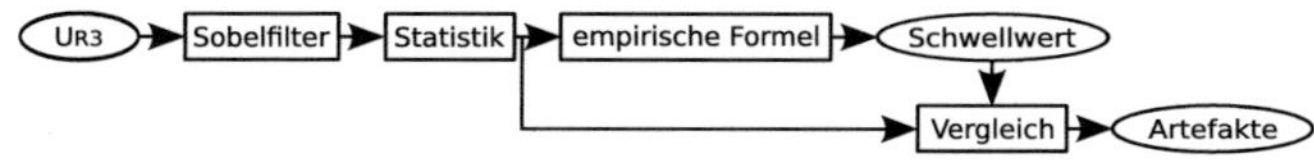

Abb. 3.9: Neuer Algorithmus zur Erkennung von Artefakten auf Basis des Sobel-Filters

Nachteilig an dem Verfahren ist, dass die minimal erkennbare Artefaktamplitude von der Position des Artefakts im Messsignal abhängt. Begründet ist die Eigenschaft durch die variierende Steigung des sinusförmigen Messsignals in Verbindung mit der differenzierenden Arbeitsweise des Filters. Um den Effekt zu quantifizieren, wurde die Erkennungsgrenze (Artefaktamplitude) für die drei Artefakttypen bestimmt. Die Tabelle 3.1 stellt die Ergebnisse dar.

ARTEFAKTTYP	0	$3 \cdot Std$	$5 \cdot Std$	$7 \cdot Std$	66%	100%
Typ A	-	+	+	+	+	+
Typ B	-	-	-	+	+	+
Typ C	-	-	-	-	-	+

Tab. 3.1: Ermittelte Erkennungsgrenzen des filterbasierten Verfahrens. Der Betrag der Artefaktamplitude ist in den Spalten aufgetragen. Auf Grund der großen Sensitivitätsunterschiede des Filters bei den unterschiedlichen Artefakttypen ist die Amplitude der Artefakte für kleine Amplituden in Vielfachen der Standardabweichung ("Std") des Messsignals und für große Amplituden in Prozent angeben. Die Prozentangabe bezieht sich auf den Abstand des Messwertes am Nulldurchgang zu seinem Nachfolger-Messwert. Die mit "0" bezeichnete Spalte steht für das artefaktfreie Signal. Ein "+" bedeutet Artefakt erkannt, "-" steht für nicht erkannt. Für die Analyse wurde $f_F = 5$ gewählt.

Erwartungsgemäß ist die Sensitivität des Verfahrens in Signalbereichen mit geringer Steigung (Typ A und B) wesentlich höher als in Bereichen mit großen Gradienten (Typ C). Die Erkennungsgrenze ist dabei nahezu unabhängig von der bei der Analyse gewählten Abschnittslänge. Das Untersuchungsergebnis aus der Tabelle 3.1 stellt die minimale Artefaktamplitude dar, die das entwickelte Verfahren erkennen kann. In realen Signalen vorhandene Artefakte, die für den Verwendungszweck des Verfahrens signifikant sind, zeigen zumeist wesentlich größere Artefaktamplituden, so dass das Verfahren mit den aufgeführten Erkennungsgrenzen sehr gute Ergebnisse liefert.

Zahlreiche Praxistests der beschriebenen Vorverarbeitung mit dem neuen Messsystem haben gezeigt, dass das filterbasierte Verfahren zuverlässig arbeitet und einfach zu konfigurieren ist. Des Weiteren ist die semikontinuierliche Arbeitsweise sehr von Vorteil. Sie erweist sich insbesondere bei Signalen mit nicht nur sehr vereinzelt auftretenden Artefakten als positiv, da der Datenverlust durch Artefaktentfernung gering ist. Das Filterverfahren trägt somit wesentlich zur stabilen und genauen Arbeitsweise der im Weiteren beschriebenen Mess- und Kenngrößenbestimmung bei.

3.3.2 Mess- und Kenngrößenbestimmung

Ziel ist die Berechnung von C_p, R_p und R_{iso}. Den Darstellungen in Abschnitt 3.2.2 folgend ist hierzu die Bestimmung des Amplitudenverhältnisses $\left|\frac{U_{R_3}}{U_{AC}}\right|$ und des Phasenwinkels Φ für jeden Frame n notwendig. Sie werden aus den vorverarbeiteten Messdaten eines jeden Frames bestimmt. Ein Frame besteht pro Signal jeweils aus M Messwerten. Der Algorithmus gliedert sich in folgende Schritte:

1. Bestimmen des Gleichanteils $\overline{U}_{R_3,n}$ vom Messsignal U_{R_3} über das arithmetische Mittel $\overline{U}_{R_3,n} = \frac{1}{M} \sum\limits_{m=1}^{M} U_{R_3,m}$

2. Auffinden aller Messwertpaare (Schnittpunkte Signal mit Gleichanteil) für die gilt:
   $$sgn(U_{R_3,m} - \overline{U}_{R_3,n}) = -sgn(U_{R_3,m+1} - \overline{U}_{R_3,n})$$

3. Lineare Interpolation zwischen $U_{R_3,m}$ und $U_{R_3,m+1}$ zur genauen Bestimmung der zeitlichen Position des Schnittpunktes

4. Bestimmen aller Messwertpaare (Nullstellen des sinusförmigen Signals U_{AC}) für die gilt: $sgn(U_{AC,m}) = -sgn(U_{AC,m+1})$

5. Lineare Interpolation zwischen $U_{AC,m}$ und $U_{AC,m+1}$ zur genauen Bestimmung der zeitlichen Position der Nullstelle (Startpunkt)

6. Berechnung der Phasenwinkels Φ zwischen den Messwertpaaren $U_{R_3,m}$ und $U_{AC,m}$ für alle m und Berechnung der mittleren Phasenlage für den Frame n

7. Bestimmen des jeweiligen (lokalen) Extremums zwischen zwei aufeinanderfolgenden Messwertepaaren für die Signale U_{AC} und U_{R_3} und Berechnung der mittleren Amplituden für den Frame n

8. Berechnung des Amplitudenverhältnisses $\left|\frac{U_{R_3}}{U_{AC}}\right|$ aus den zwei Mittelwerten für den Frame n.

Aus den Mittelwerten für die Phasenlage und das Amplitudenverhältnis eines jeden Frames n werden die Werte für C_p und R_p ermittelt. Der Wert für R_{iso} bestimmt sich direkt aus dem Gleichanteil $\overline{U}_{R_3,n}$.

3.3.3 Verknüpfung mit aktorischen Kenngrößen

Der Abschnitt verfolgt das Ziel, die Zusammenhänge zwischen den Kenngrößen des neuen Messsystems (vgl. Abschnitt 3.2) und den Charakterisierungsgrößen von piezokeramischen Aktorelementen nach dem Stand der Technik (vgl. Abschnitt 1.2.2) darzustellen. Dabei wird gezeigt, wie sich das neue Messsystem in die allgemein genutzte Charakterisierung bzw. Modellierung einfügt. Die Abbildung 3.10 links zeigt die Konstellation der Kennwerte.

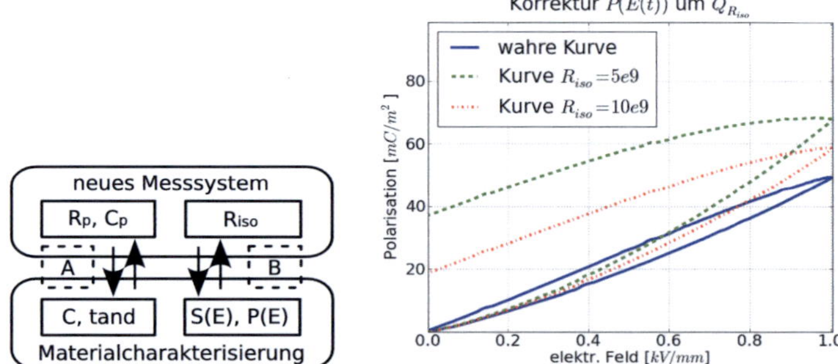

Abb. 3.10: links: Zusammenhang der Kenngrößen (A →Kleinsignal-Verhalten, B →Großsignal-Verhalten) des neuen Messsystems mit den etablierten Kenngrößen von piezokeramischen Aktorelementen, rechts: Einfluss des Isolationswiderstandes auf die Polarisationskurve $P(E)$. Die wahre Kurve zeigt eine gemessene Ladung bezogen auf die Elektrodenfläche an einem DUT mit vernachlässigbar hohem R_{iso}. Unter der Annahme eines Isolationswiderstandes von $R_{iso} = 5\text{e}9\,\Omega$ bzw. $R_{iso} = 10\text{e}9\,\Omega$ für das DUT, ergeben sich die gestrichelt dargestellten Kurvenverläufe. Der Ladungsfluß durch den Isolationswiderstand "verfälscht" das Messergebnis sehr deutlich. Die Periodendauer für die Darstellung beträgt 20 s.

Der Zusammenhang A für die Kleinsignal-Werte folgt direkt aus der in Abschnitt 1.2.2.1 dargestellten Modellbildung. Es kann angegeben werden:

$$C = C_p \text{ und } \tan\delta = \frac{1}{\omega R_p C_p} \text{ mit } \omega = 2\pi \cdot f \tag{3.14}$$

Der Zusammenhang B bezieht sich auf das Großsignal-Verhalten. Er ergibt sich aus der zumeist bei der messtechnischen Erfassung von $P(E)$ genutzten Vorgehensweise (vgl. Abschnitt 1.2.2.2). Die Polarisation $P(E(t))$ wird aus der gemessenen Ladung $Q(E(t))$ bezogen auf die Elektrodenfläche bestimmt. Da die Messung während der Dehnungsmessung durchgeführt wird, ist die Periodendauer T des Ansteuersignals $E(t)$ sehr lang. Somit muss vorausgesetzt werden, dass das DUT ein ideales Dielektrikum darstellt und als idealer Kondensator ohne parallelen Nebenschlusswiderstand (R_{iso}) angesehen werden kann. Insbesondere für die in der Entwicklung befindlichen piezokeramischen Materialien triff das nicht immer zu. Die DUT zeigen einen zu kleinen R_{iso}, so dass die gemessene Ladung $Q(E(t))$ wesentliche Anteile des Stromflusses durch R_{iso} enthält. Damit ergibt sich bei der beschriebenen Vorgehensweise ein wesentlicher Fehler in der bestimmten Polarisation. Der Fehler kann numerisch korrigiert werden.

Für eine numerische Korrektur des Fehlers ist die Kenntnis des Isolationswiderstandes R_{iso} notwendig. Er kann mit dem neuen Messsystem bestimmt werden. Bei Kenntnis von R_{iso} berechnet sich der Stromfluss durch den Widerstand mit der Formel

$$I_{R_{iso}}(t) = \frac{U(t)}{R_{iso}}. \tag{3.15}$$

$U(t)$ ergibt sich aus dem Ansteuerfeld $E(t)$ und dem Elektrodenabstand des DUT. Die über die Messperiode T resultierende Ladung wird mit

$$Q_{R_{iso}} = \int_0^T I_{R_{iso}}(t)dt = \frac{1}{R_{iso}} \int_0^T U(t)dt \tag{3.16}$$

bestimmt. Für die Korrektur muss die Ladung $Q_{R_{iso}}$ von der gemessenen Gesamtladung $Q(E(t))$ subtrahiert werden.

Mit dem beschriebenen Vorgehen wird es möglich, auch Polarisationskurven vergleichend auszuwerten, die an DUTs mit unterschiedlichem bzw. geringem Isolationswiderstand gemessen wurden. Abbildung 3.10 (rechtes Bild) zeigt den Einfluss von R_{iso} auf die Polarisationskurve an einem Beispiel.

3.3.4 Messgenauigkeit

Im Folgenden werden Messungen zur Bestimmung der erzielbaren Genauigkeit des Messsystems vorgestellt. Die Messungen evaluieren jeweils Teilaspekte des Messsystems.

3.3.4.1 Isolationswiderstand R_{iso}

Zwei Messungen zur Bestimmung des Isolationswiderstandes werden hier vorgestellt, zum einen unter Variation der angelegten Spannung U_{DC} und zum anderen in Abhängigkeit eines parallel zum DUT geschalteten Widerstandes.

Variation Spannung U_{DC} Die Messungen wurden mit diskreten Bauelementen [219], [155] als DUT durchgeführt. Ein Kondensator 1 nF bzw. 2.2 nF jeweils in Parallelschaltung zu 500 MΩ wurde als DUT bei den Spannungswerten 0 V, 500 V und 1000 V für U_{DC} vermessen. Die Ergebnisse sind in Tabelle 3.2 aufgelistet. Es wird der gemessene Gleichanteil der Spannung bei U_{R_3} und der daraus berechnete Widerstandswert für R_{iso} angegeben. Der Messfehler des Messsystems bzgl. des Widerstandsnennwertes ergibt sich zu ca. 2%. Die Messgenauigkeit zeigt keine signifikante Abhängigkeit vom Kapazitätswert.

U_{DC}	1 nF ǁ 500 MΩ		2.2 nF ǁ 500 MΩ	
	GLEICHANTEIL [V]	$R_{Messung}$ [MΩ]	GLEICHANTEIL [V]	$R_{Messung}$ [MΩ]
0	0.0021	x	0.0016	x
500	0.9798	510.1	0.9805	509.8
1000	1.9589	510.3	1.9879	510.5

Tab. 3.2: Messung des Isolationswiderstandes bei verschiedenen Spannung U_{DC}

Variation Widerstand R_{iso} Die Tabelle 3.3 zeigt die Ergebnisse bei Variation eines diskreten Widerstandes [219] in Parallelschaltung zu einer piezokeramischen Tablettenprobe (Material PIC151 [162]). In einer ersten Messung wurde nur die Tablettenprobe als DUT vermessen. In weiteren drei Messungen wurde die Variation des Isolationswiderstandes R_{iso} durch den parallel zur Tablettenprobe geschalteten Widerstand ($R_{Nennwert} = 1000\,\text{M}\Omega,\ 500\,\text{M}\Omega$ bzw. $330\,\text{M}\Omega$) simuliert. Die Tabelle 3.3 gibt den aus den Messwerten berechneten Isolationswiderstand $R_{Messung}$ und den Fehler bzgl. des Nennwiderstandes $R_{Nennwert}$ an. Der bestimmte Messfehler des Messsystems ist kleiner 2%. Die Messergebnisse zeigen, dass die Bestimmung des Isolationswiderstandes R_{iso} mit großer Genauigkeit erfolgt. Damit kann der Verlauf des Isolationswiderstandes von DUTs unter verschiedenen Belastungen sehr gut ermittelt werden.

$R_{Nennwert}\,[\text{M}\Omega]$	$R_{Messung}\,[\text{M}\Omega]$	FEHLER $[\%]$
nur Tablette	47910	x
1000	1005	0.5
500	507	1.4
330	334	1.0

Tab. 3.3: Messung mit verschiedenen Widerstandswerten bei konstanter Spannung $U_{DC} = 1000\,\text{V}$

3.3.4.2 Ersatzparameter R_p, C_p

Für die Messung wurden ebenfalls diskrete Bauteile verwendet. Zur Abbildung von C_p im Bereich von $C_p = 0.7\,\text{nF}$ bis $3.2\,\text{nF}$ wurde eine Kondensatorbank benutzt, wobei jeweils Widerstände $R_p = 1\,\text{M}\Omega, 3\,\text{M}\Omega, 6\,\text{M}\Omega$ parallel angeschlossen wurden. Die Messung fand ohne überlagerte Gleichspannung ($U_{DC} = 0\,\text{V}$) statt, da die Kondensatorbank für große Spannungen nicht ausgelegt ist.

Die Messergebnisse in Abbildung 3.11 zeigen, dass das gemessene Amplitudenverhältnis sehr genau mit dem Modell übereinstimmt. Die Phasenlage ist um ca. $8°$ verschoben. Diese Phasendifferenz ist leicht abhängig von C_p und steigt mit steigendem C_p an. Der Einfluss der Verkabelung mit einer Kapazität von $200\,\text{pF}$ wurde berücksichtigt.

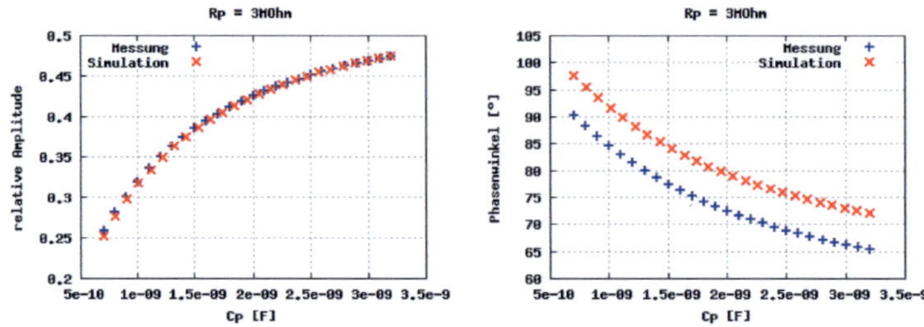

Abb. 3.11: links: Vergleich des Amplitudenverhältnisses, rechts: Vergleich der Phasenlage zwischen Messung und Modell über C_p bei $R_p = 3\,\mathrm{M}\Omega$

Die Ursache für das vom Modell abweichende Schaltungsverhalten konnte nicht ermittelt werden. Um die Genauigkeit der Messung zu verbessern, wurde der im zweiten Teil des Abschnitts 3.4.1 beschriebene Korrekturalgorithmus entworfen. Damit kann der Messfehler von $53 - 67\%$ ohne Korrektur auf $3 - 9\%$ mit Korrektur verbessert werden. Ergänzende Messergebnisse bei $1\,\mathrm{M}\Omega$ und $6\,\mathrm{M}\Omega$ sind im Anhang B.6 dargestellt.

3.4 Anwendung

Das neue Messsystem wurde für zahlreiche Messungen an Materialproben und Bauteilen eingesetzt. Um die typische Vorgehensweise dabei zu verdeutlichen, wird in Abschnitt 3.4.1 das praktische Vorgehen schrittweise beschrieben. Der folgende Abschnitt 3.4.2 präsentiert eine Beispielmessung an einer Materialprobe aus der bleifreien Piezokeramik Kalium-Natrium-Niobat (KNN). Die Beispielmessung soll die sich durch das Messsystem ergebenden neuen Untersuchungsmöglichkeiten illustrieren. Dabei wird gezeigt, dass mit dem entwickelten Messaufbau und den dazu eigens neu erstellten Auswertungsalgorithmen die Kleinsignal-Ersatzgrößen und der Isolationswiderstand unter wechselnden Betriebs- und Lastbedingungen sehr gut erfasst werden können. Damit ist das Messsystem bestens für die Überwachung (monitoring) von Materialveränderungen und Schadensprozessen, die mit den Messgrößen korrelieren, geeignet. Des Weiteren kann die zielgerichtete Einstellung einer bestimmten (Vor)schädigung im Untersuchungsobjekt (DUT) erreicht werden.

3.4.1 Ablaufplan bei Experimenten

Für die Durchführung von Experimenten wurde folgender Ablaufplan entwickelt:

1. Referenzmessung zur Ermittlung von R_p und C_p bei der geplanten Messfrequenz f (beispielsweise mit Impedanzanalysator HP4194A)

2. Abschätzung der Veränderungen von R_p und C_p unter der geplanten Temperatur- und Feuchtigkeitsbelastung

3. Dimensionierung der Schaltung analog Abschnitt 3.2.2.3. Die Auslegung der Schaltungskomponenten ist für jede Klasse von DUT notwendig. Es muss garantiert sein, dass im erwarteten Wertebereich die Kennfeld Gradienten aufweisen, die für die Auswertung ausreichend sind.

4. Durchführung des Experiments

5. Auswertung und Darstellung der Ergebnisse mit den Softwaremodulen aus Abschnitt 4.4.2

6. (optional) weiterführende Untersuchungen (Mikrostruktur, AFM etc.) am DUT.

Sollen im Experiment absolute Kennwerte für C_p und R_p bestimmt werden, sind für jedes DUT folgende zusätzliche Arbeitsschritte notwendig (Korrekturalgorithmus):

1. Referenzmessung zur Bestimmung von C_p und R_p bei der geplanten Messfrequenz f vor der Belastung

2. Kalibrierungsmessung mit dem Messsystem bei den Umweltbedingungen der Referenzmessung

3. Ermittlung des Skalierungsfaktors bezüglich des Phasenwinkels Φ zwischen Referenz- und Kalibrierungsmessung

4. Nutzung des Skalierungsfaktors in der Auswertungssoftware. Der Skalierungsfaktor muss der Software bei der Auswertung durch den Nutzer vorgegeben werden. Er wird dann bei der Datenanalyse automatisch berücksichtigt.

3.4.2 Beispielmessung

Im Folgenden wird exemplarisch eine Messung vorgestellt, die mit dem neu entwickelten Messsystem durchgeführt wurde. Zuerst wird das verwendete DUT und der Messablauf beschrieben. Im Weiteren werden die Messergebnisse gezeigt und kurz interpretiert.

Untersuchungsobjekt (DUT)

- Material: KNN $((K_{0,44}\ Na_{0,52}\ Li_{0,04})\,0,998\,Nb_{0,84}\ Ta_{0,1}\ Sb_{0,06}\ O_3)$, Fraunhofer IKTS

- Elektrode: Einbrennsilber

- Geometrie: Scheibe mit Durchmesser $= 8.32\,\text{mm}$ und Dicke $= 1.32\,\text{mm}$

- Herstellungsparameter: Sintertemperatur $= 1125\,°C$ mit Heizrate $= 5\,\text{K/min}$ in reiner Sauerstoffatmosphäre

- weitere Merkmale: Kontaktierung mit Drahtverbindung (gelötet) an Probenhalter, DUT in Silikon eingegossen, um Feuchtigkeitseinflüsse während der Messung zu unterbinden (siehe Abbildung 3.12 links).

Messung Ziel der Messung ist die Erfassung des Verlaufes der Ersatzkapazität C_p bei einer Messfrequenz von $f = 1\,\text{kHz}$ und des Isolationswiderstandes R_{iso} unter kombinierter elektrischer und thermischer Belastung. Die Abbildung 3.12 gibt das Belastungsprofil wieder. Zur Messwerterfassung sowie zur Einstellung der Betriebs- und Belastungsgrößen wurde der im Anhang B.1 und B.2 aufgeführte einkanalige Messaufbau verwendet. Die benutzte Messwerterfassung ist in Abschnitt 4.4 genauer beschrieben. Die Messzeit betrug jeweils $60\,\text{s}$, wobei alle $2\,\text{min}$ Messdaten aufgezeichnet wurden. Zur Auswertung wurde die in den Abschnitten 4.4.3 und 4.4.4 vorgestellte Implementierung genutzt.

Die Versuchsdurchführung wurde wie folgt vorgenommen:

1. Polung bei Raumtemperatur mit $2\,\text{kV}$ für $2\,\text{min}$

2. Wartezeit $1\,\text{h}$

3. Kleinsignal-Messung des DUT am Impedanz-Analysator HP4194A bei $f = 1\,\text{kHz}$ mit dem Ergebnis $C_p = 587.3\,\text{pF}$ und $R_p = 16.1\,\text{M}\Omega$

 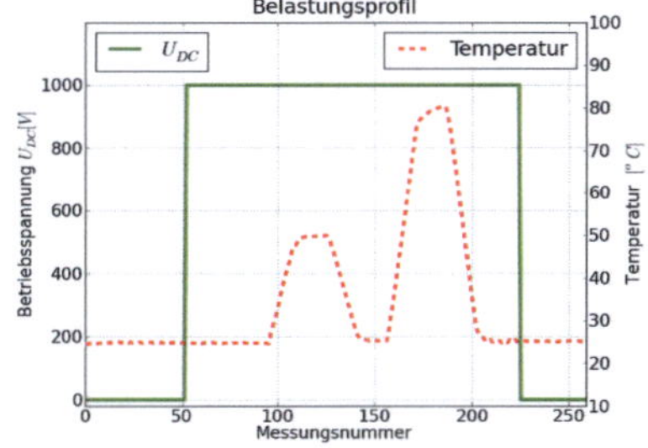

Abb. 3.12: links: in Silikon eingegossenes DUT am Probenhalter für den Klimaschrank, rechts: Belastungsprofil bestehend aus der Betriebsgröße U_{DC} und der Temperatur über der Zeit, Messzeit 60 s pro Messung, Messung alle 2 min

4. Kleinsignal-Messung des DUT mit Probenhalter am Impedanz-Analysator HP4194A bei $f = 1\,\text{kHz}$ mit dem Ergebnis $C_p = 674.8\,\text{pF}$ und $R_p = 16.7\,\text{M}\Omega$

5. Durchführung der Messung mit dem oben benannten Belastungsprofil

6. Kleinsignal-Messung des DUT mit Probenhalter am Impedanz-Analysator HP4194A bei $f = 1\,\text{kHz}$ mit dem Ergebnis $C_p = 710.7\,\text{pF}$ und $R_p = 14.5\,\text{M}\Omega$

7. Kleinsignal-Messung des DUT am Impedanz-Analysator HP4194A bei $f = 1\,\text{kHz}$ mit dem Ergebnis $C_p = 622.0\,\text{pF}$ und $R_p = 15.1\,\text{M}\Omega$

8. Wartezeit 20 h

9. Kleinsignal-Messung des DUT am Impedanz-Analysator HP4194A bei $f = 1\,\text{kHz}$ mit dem Ergebnis $C_p = 612.8\,\text{pF}$ und $R_p = 15.0\,\text{M}\Omega$.

Ergebnis Die Abbildung 3.13 zeigt das Messergebnis für den Isolationswiderstand R_{iso} über der Zeit. Dabei ist zu beachten, dass zu den Zeiten von Messungsnummer 1 bis 52 und 226 bis 260 keine elektrische Belastung ($U_{DC} = 0$) stattgefunden hat. Die Messwerte repräsentieren damit die Messgrenze des Messsystems (Schaltungsrauschen, - offset) und lassen keinen Rückschluss auf die Probeneigenschaften zu. Im Bereich von Messung 53 bis 95 liegt die Betriebsspannung $U_{DC} = 1\,\text{kV}$ bei konstanter Temperatur von 24 °C an. Der Anstieg des Widerstandswertes in dem Bereich kann durch abklingende Polarisationsvorgänge im DUT erklärt werden und ist nicht zwingend Ausdruck einer Materialveränderung. Unter der steigenden Temperaturrampe auf 50 °C bzw. 80 °C sinkt der Widerstand, bis er sich im Plateau der jeweiligen Temperaturkurve auf den für die Temperatur und elektrische Spannung typischen Wert stabilisiert.

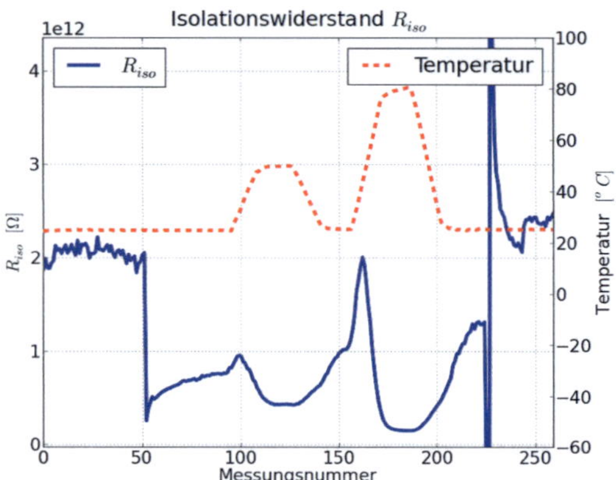

Abb. 3.13: Verlauf des Isolationswiderstandes R_{iso} unter der oben beschriebenen Belastungsfolge. Zusätzlich zum Kurvenverlauf des Widerstandes ist die Temperaturkurve abgebildet.

In der Abbildung 3.14 ist der dazugehörige Verlauf der relativen Ersatzkapazität C_p unter der Belastungsfolge gezeigt. Die Normierung der Kurven ist bezüglich des Startwertes von $C_p = 672\,\text{pF}$ berechnet. Deutlich zu erkennen ist ein Kapazitätsabfall von ca. 9% beim Einschalten der Betriebsspannung U_{DC}, welcher sich über die Messzeit mit konstanter Temperatur von 24 °C (Messung 53 bis 95) annähernd stabilisiert. Die Temperaturerhöhung auf 50 °C führt zu einer sehr geringen Kapazitätsänderung. Bei der Temperatursteigerung auf 80 °C kommt es zu einer Abnahme der Kapazität um ca. 5% bezogen auf den vorangegangenen Kapazitätswert bei 24 °C. Der Vergleich der Kapazitätsänderung mit dem Wert von 10%, welcher bei einer vorher durchgeführten TkC-Messung (vgl. Abschnitt 1.2.2.1) an der ungepolten und elektrisch unbelasteten Probe bestimmt wurde, liefert hier deutliche Unterschiede im Materialverhalten. Sie resultieren aus dem Einfluss der applizierten Betriebsspannung auf das spezifische Material. Das hier beschriebene Messergebnis konnte experimentell an gleichen DUTs reproduziert werden.

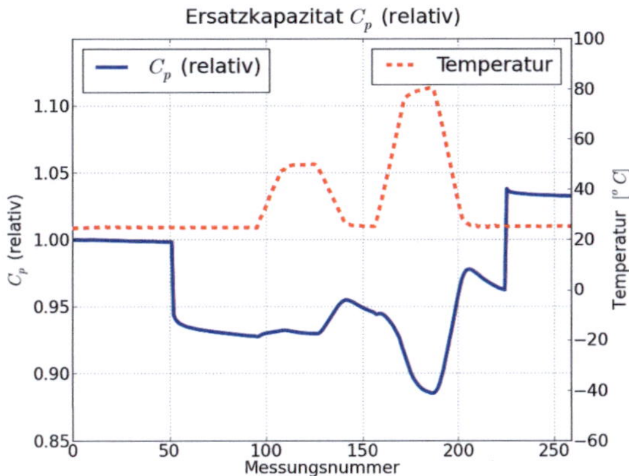

Abb. 3.14: Verlauf der relativen Ersatzkapazität C_p nach einer Phasenwinkel-Korrektur von 108.7%. Zusätzlich ist die Temperaturkurve abgebildet.

Zusammenfassend ist festzustellen, dass die in Abschnitt 3.1.3 formulierte Zielsetzung erreicht wurde. Mit dem neu entwickelten Messsystem ist die Beobachtung von Materialveränderungen bei elektrischer Großsignal-Belastung und unter Variation der Umweltbedingungen (Temperatur, Feuchtigkeit) sehr gut möglich. Der neue Messaufbau und die automatisierten Auswertungsalgorithmen erlauben das Monitoring des Probenzustandes über lange Belastungszeiten. Das Messsystem ist besonders zur frühzeitig im Entwicklungsprozess angesiedelten Erkundung von Schadensphänomenen und -verläufen sehr gut geeignet. Das konnte in zahlreichen Messungen mit verschiedenen DUTs gezeigt werden [33]. Die Praxiserfahrung zeigte aber auch, dass die Bestimmung des Ersatzparameters R_p oftmals sehr kritisch ist. Die Begründung hierfür liegt in dem zumeist sehr gering ausgeprägten Gradienten des Kennfeldes bzgl. R_p (vgl. Abbildung 3.4), so dass bei der Kennwertbestimmung Ungenauigkeiten auftreten. Des Weiteren ist die Untersuchung von DUTs im μF-Kapazitätsbereich mit dem in der vorliegenden Arbeit verwendeten Aufbau auf Grund von elektrischen Störeinflüssen aus der Messumgebung nicht möglich gewesen.

4 Implementierung

4.1 Übersicht

Ziel der Implementierung ist ein Softwarepaket, das in einer Laborumgebung eingesetzt werden kann. Damit werden in der vorliegenden Arbeit folgende Anforderungen an die Software formuliert:

- Portabilität: Das Programmpaket muss auf im Labor üblicherweise vorhandener Hardware (PC-x86) lauffähig sein.

- Flexibilität: Die Software muss in einer übersichtlichen Struktur und einfach zu erlernenden Programmiersprache vorliegen, so dass eine Anpassung bzw. Erweiterung für zukünftige Anforderungen möglich ist.

- Performance: Die Umsetzung muss so schnell sein, dass bei der Benutzung des Programmpakets ein Zeitvorteil gegenüber der zum Stand der Technik praktizierten Vorgehensweise entsteht oder dass sich ein Mehraufwand an Zeit zumindest durch einen zusätzlichen Informationsgewinn auszahlt.

- Einfache Bedienung: Es wird eine graphische Benutzeroberfläche (GUI) benötigt, um den Schulungsaufwand gering zu halten und um Akzeptanz in der Zielgruppe Werkstoffwissenschaftler, Chemiker bzw. Physiker finden zu können.

Als hauptsächlich verwendete Programmiersprache für die Implementierung wurde Python [173] gewählt. Die moderne Hochsprache Python zeichnet sich durch eine konsequent umgesetzte Klassenstruktur und eine einfache, äußerst übersichtliche Syntax aus. Damit ist Python-Code auch für Nachnutzer sehr gut nachvollziehbar. Eine ausreichende Verarbeitungsgeschwindigkeit ist im betrachteten Fall gegeben bzw. kann durch die Einbindungsmöglichkeit von Code in C bzw. Fortan erzielt werden. Des Weiteren existieren zahlreiche wissenschaftliche Code-Bibliotheken, die für die notwendige Signalverarbeitung genutzt werden können (SciPy [198], matplotlib [130] etc.). Die MITähnliche Lizenzformulierung [181], [138] gibt dem Anwender sämtliche Freiheiten bei der Veränderung und Weitergabe des Codes und es fallen keine Lizenzgebühren für die Benutzung an. Python ist für die meisten Hardwareplattformen (x86, x86-64, PPC) und Betriebssysteme (Linux, Windows, MacOS etc.) verfügbar. Somit ist die Nutzung des Softwarepakets sowohl im universitären als auch im industriellen Umfeld problemlos möglich. Für die GUI wird die GTK+ Bibliothek [78] mit dem dazugehörigen Python-Wrapper PyGTK [73] eingesetzt.

Die implementierte Software mit dem Namen Piezo Actuator Monitoring Tool (PAMTool) ist durchgehend modular aufgebaut und teilt sich in drei Themenkomplexe. Der Abschnitt 4.2 stellt den Komplex der erweiterten Methodik zur graphenbasierten Repräsentation von Mess- und Entwicklungsdaten (vgl. Abschnitt 2.3) vor. Anschließend wird in Abschnitt 4.3 auf den erstellten Programmcode zur automatisierten Analyse von Großsignal-Messkurven (vgl. Abschnitt 2.4) eingegangen. Im darauf folgenden Abschnitt 4.4 werden die Softwaremodule vorgestellt, die das neue Messsystem (vgl. Kapitel 3) umsetzen. Die Software ist am Fraunhofer IKTS verfügbar und kann im Rahmen von Forschungs- und Entwicklungsprojekten genutzt werden.

4.2 PAMTool_Graph – graphenbasierte Repräsentation von Mess- und Entwicklungsdaten

Für die praktische Nutzung der neuen Systematik zur Repräsentation der Mess- und Entwicklungsdaten und des neuen Aktormodells (vgl. Abschnitt 2.3 und 2.2.1) wurde das Programmmodul PAMTool_Graph implementiert. Es erlaubt die Erstellung von Bauteil-Graphen, die Eingabe von aus Herstellung und Belastung bestehenden Bauteil-Lebenszyklen und die Struktur- bzw. Stichwortsuche im gesamten Datenbestand sowie die Visualisierung der Graphen. Die Abbildung 4.1 zeigt die graphische Benutzeroberfläche (GUI). Links ist der Lebenszyklus der Bauteile aufgelistet. Die an den einzelnen Zeitmarken hinterlegten Graphen setzen sich jeweils aus Knoten und Kanten zusammen, die in der Mitte der GUI ausgewählt und vernetzt werden können. Im rechten Teil der Abbildung ist die GUI der Suchfunktion zu sehen.

Für die Implementierung wurde die Python-Bibliothek NetworkX [142] benutzt. Die Bibliothek bietet Funktionen zur Erstellung und Manipulation verschiedener Graphen-

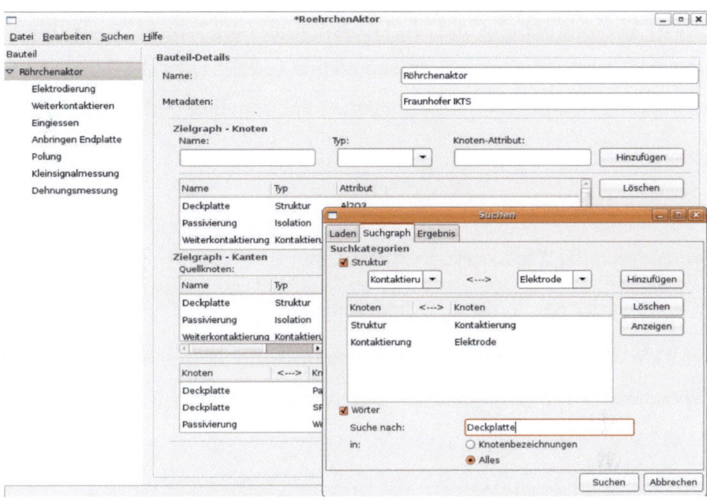

Abb. 4.1: Graphische Benutzeroberfläche (GUI) der Software PAMTool_Graph zur Erstellung, Verwaltung und Darstellung der Mess- und Entwicklungsdaten als Graph mit Attributen

typen. Damit können alle Aspekte des erweiterten Gesamtkonzepts für die Entwicklung von Aktorelementen (vgl. Abbildung 2.1) in einer für die computergestützte Nutzung geeigneten Form bereitgestellt werden. Die Datenstruktur (Knoten) und die damit verknüpften Mess- und Entwicklungsdaten (Attribute) liegen als Python-Objekt (pickle [172]) vor und können somit für weiterführende Analysen (bspw. Data Mining) genutzt werden. Von der Bibliothek bereitgestellte Funktionen zum Vergleich und zur Verknüpfung von Graphen wurden zur Umsetzung von Such- und Filterfunktionen genutzt. Ein Datenexport im XML-Format ermöglicht den offenen Zugriff auf den Datenbestand von anderen Programmen. Das Modul PAMTool_Graph umfasst ca. 1900 Codezeilen.

4.3 PAMTool_Hysterese – automatisierte Analyse von Großsignal-Messkurven

PAMTool_Hysterese dient der automatisierten Analyse von Großsignal-Messkurven. In der Software ist die in Abbildung 2.14 vorgestellte dreistufige Verfahrensweise zur Gruppierung und anschließenden Berechnung der Materialkennwerte umgesetzt. Die

Teilaufgaben "Vorverarbeitung und Merkmalsbestimmung" sowie "Berechnung der Materialkennwerte" sind als eigene Softwaremodule erstellt worden. In der Implementierung wird die in Abschnitt 2.4.1 beschriebene Funktionalität bestehend aus

- Glätten der Messkurven

- Berechnen der Merkmale

- Segmentieren der Messkurve in Abschnitte

- Aufbereiten der Kurve für die Clusterung

umgesetzt. Des Weiteren werden mehrere Dateiformate für den Import von Messkurven und die Speicherung von (Zwischen)ergebnissen unterstützt.

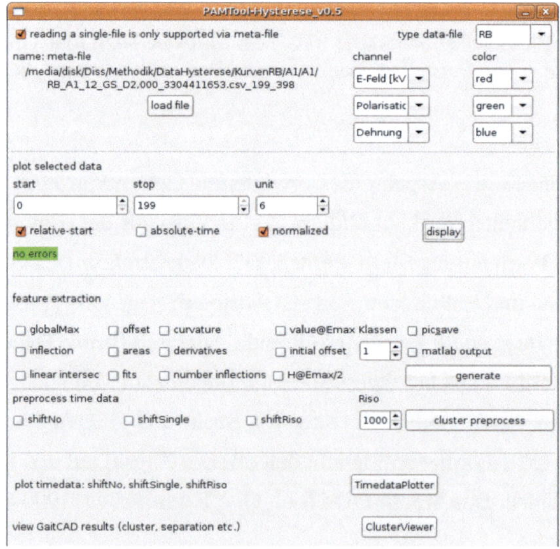

Abb. 4.2: graphische Oberfläche des Programmmoduls zur Analyse der Großsignal-Messkurven

Für die eigentliche Clusterung der Messkurven (vgl. Abschnitt 2.4.2) wird das Programm Gait-CAD [136] eingesetzt. Dazu muss ein Datenaustausch mit Gait-CAD realisiert werden, der über Textdateien in angepasster Formatierung stattfindet. Die Textdateien können über die bereitgestellte Importfunktion von Gait-CAD eingelesen und stehen dann in der MATLAB-Umgebung [129] zur weiteren Analyse bereit. Die Durchführung von Analysen kann entweder manuell über die graphische Oberfläche von Gait-CAD oder durch die Ausführung von Makros erfolgen. Für eine "autonome" Ausführung von zuvor festgelegten Analysen kann Gait-CAD extern über die Windows-Konsole (cmd) mit matlab −nojvm −nodisplay −r ''gaitcad(Makroname bzw. Batchdatei)'' gestartet werden. Dadurch ist die Benutzung von Gait-CAD als Data-Mining-Werkzeug vollkommen transparent für den Nutzer umgesetzt. Für die Benutzung von Gait-CAD wird eine entsprechende MATLAB-Lizenz benötigt. Die durch GaitCAD benutzen MATLAB Toolboxen können der Kurzdokumentation entnommen werden [134].

Die Bedienung von PAMTool_Graph erfolgt über die in Abbildung 4.2 gezeigte graphische Benutzeroberfläche (GUI). Im oberen Teil der GUI werden die zu analysierenden Daten ausgewählt und in das Programm geladen. Über die "display"-Schaltfläche können die Daten zur einfacheren Auswahl visualisiert werden. Im mittleren Teil der GUI legt der Nutzer die zu berechnenden Merkmale fest und startet die Analyse. Im unteren Teil können die Ergebnisse graphisch dargestellt werden. Die Speicherung der Ergebnisse erfolgt im Hintergrund automatisch. Das Modul PAMTool_Hysterese umfasst ca. 5000 Codezeilen.

4.4 Komponenten des neuen Messsystems

Für das neue Messsystem wurde die in Abbildung 4.3 links dargestellte modulare Struktur umgesetzt. Das Untersuchungsobjekt (DUT) mit der dazugehörigen Messschaltung ist mit dem analogen Eingang des Mess-PCs verbunden. Sie bilden die Hardware des Messsystems. Die analogen Signale der Messschaltung werden durch die im Abschnitt 4.4.1 beschriebene Datenerfassung digitalisiert aufgezeichnet und in einer Datei gespeichert. Ein selbstgeschriebenes Programmpaket erledigt die softwareseitige Steuerung der Messwertaufnahme und die sich anschließende Auswertung der Messdaten. Es berechnet die gesuchten Kenngrößen (C_p, R_p und R_{iso}) des DUT. Der nächste Abschnitt beschreibt die umgesetzte Datenerfassung genauer, bevor in den folgenden Abschnitten die einzelnen Module der Auswertungssoftware detailliert vorgestellt werden.

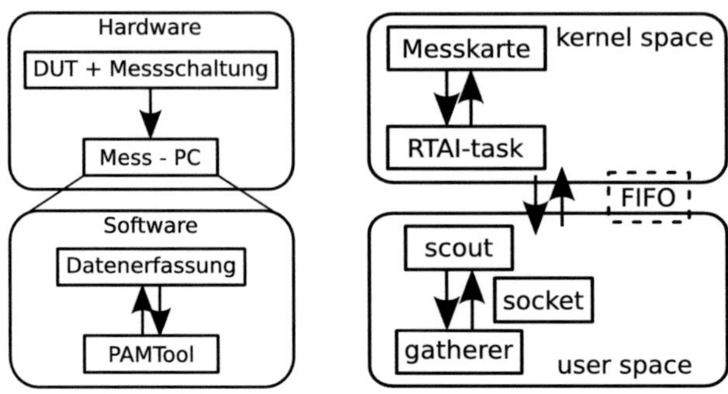

Abb. 4.3: links: Struktur der Implementierung, rechts: Komponenten des Softwareframes für die Datenerfassung und deren Kommunikationswege

4.4.1 PAMTool_Measurement – Datenerfassung

Die Datenerfassung wurde sehr flexibel auf einem PC-x86 mit einer eingebauten Datenerfassungskarte APCI-3120 von der Firma Addi-Data [59] implementiert. Als Betriebssystem wurde ein Linux-Kernel der Version 2.6.x gewählt, welcher mit dem RealTime Application Interface (RTAI) von DIAPM [128], [11] modifiziert wurde. Der Patch garantiert die Echtzeitfähigkeit von Linux durch ein verändertes Hardware- und Interrupt-Management sowie einen angepassten Scheduler, so dass Langzeitmessungen mit Abtastraten bis 25 kHz in Softwaresteuerung möglich sind. Der dazu implementierte Software-Frame wird in Abbildung 4.3 rechts gezeigt.

Die Datenerfassung besteht aus einem im so genannten kernel space, also direkt im Betriebssystem, implementierten Kernel-Modul RTAI-task und weiteren Teilen, die im user space als Anwendungsprogramme laufen. Das Kernel-Modul ist dabei für das zeitkritische Auslesen der Messwerte von der Messkarte zuständig. Entsprechend der vorgegebenen Abtastfrequenz wird unter Nutzung des RTAI-Schedulers ein Messwertvektor mit jeweils einem int-Wert pro Messkanal von der Messkarte abgefragt. Die Werte werden dann über einen von RTAI bereitgestellten FIFO in den user space übergeben. Des Weiteren übernimmt das Kernel-Modul sämtliche direkte Kommunikation zur Konfiguration, Initialisierung und für I/O-Aktivitäten zwischen der Messkarte und dem user space backend (scout).

Scout ist ein konsolenbasiertes Programm, welches im user space läuft und die Steuerung zwischen dem Kernel-Modul RTAI-task und dem frontend zum Nutzer gatherer übernimmt. Scout hat folgende Funktionalität:

- Laden der RTAI-Module in den Kernel

- Kommunikation mit RTAI-task (Konfiguration der Messung, Messkarte etc.)

- Konvertieren des Messwertvektors in Messwerte

- Anwenden von einfachen Filtern auf die Messwerte (z.B. Integration)

- Übergabe der Messwerte an den socket.

Gatherer ist das graphische Nutzer-Frontend zum Durchführen von Messungen. Es ist über einen socket an scout angebunden. Mit dem socket wird die Netzwerkfähigkeit der Datenerfassung erzielt. Es ist also nicht nur möglich, Messungen lokal vom Mess-PC aus durchzuführen, sondern gatherer kann auch auf einem anderen über ein Netzwerk mit dem Mess-PC verbundenen Computer ausgeführt werden. Die Messdaten werden immer auf dem Computer gespeichert, auf dem gatherer läuft. Das Erscheinungsbild und die Einstellmöglichkeiten sind in Abbildung 4.4 links dargestellt. Zusätzlich existiert ein Python-Wrapper, der gatherer im Kommandozeilenmodus betreibt. Damit ist die automatisierte Messung aus Python heraus möglich. Hierzu wurde das in Abbildung 4.4 rechts gezeigte Modul PAMTool_Measurement implementiert. Es dient der gesteuerten Durchführung von (Dauer-)messungen. Das Programm hat die folgende Funktionalität:

- Eingabemaske und Speicherung von Metadaten

- Interface zur Datenerfassung

- Zeitsteuerung für zyklische Messungen

- Ansteuerung externer Geräte des Messsystems.

Als Werkzeug zur Entwicklung und Erstellung (build system) der Module zur Datenerfassung wurde SCons [199] verwendet. Das Werkzeug ist vergleichbar mit dem klassischen make-Programm, wobei Funktionalitäten aus den GNU-Autotools [209] (autoconf, automake etc.) integriert sind. Vorteilhaft ist hier, dass die Erstellung der notwendigen Konfigurationsdateien zum Erzeugen des lauffähigen Programms als Python-Script erfolgt. Das ist deutlich einfacher und übersichtlicher als bei der Verwendung von

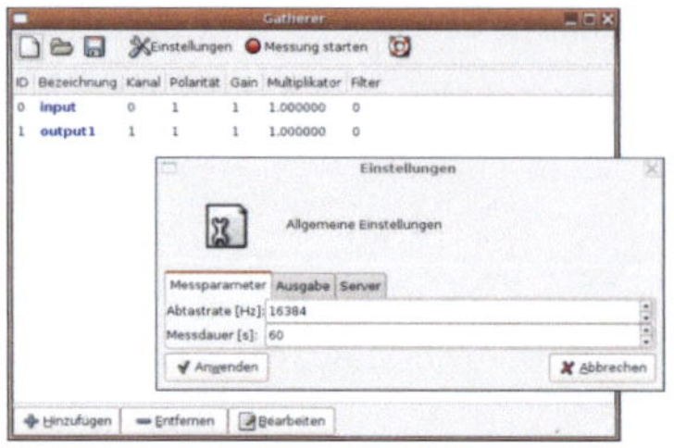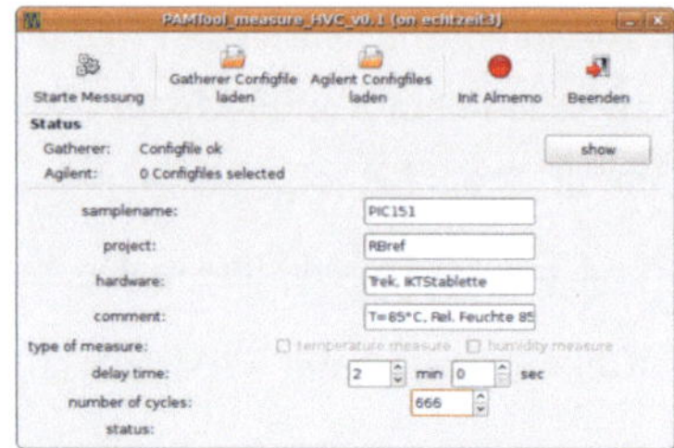

Abb. 4.4: GUI des Messprogrammes gatherer und des um eine Projektverwaltung erweiterten Datenerfassungsmoduls PAMTool_Measurement

GNU-Autotools. Um das in C geschriebene Steuerprogramm für Messungen (gatherer) in Python verfügbar zu machen, wurde SWIG [212] verwendet.

4.4.2 Datenauswertung

An die Datenerfassung schließt sich die Datenauswertung an. Sie setzt sich aus den in Abbildung 4.5 dargestellten Modulen zusammen. Die Schnittstelle für den Datenaustausch zwischen der Datenerfassung (PAMTool_Measurement) und den Auswertungsmodulen (PAMTool_Analysis und PAMTool_Circuit) ist über Textdateien realisiert. Dadurch ist es auch möglich, andere Realisierungen der Datenerfassung oder schon bestehende Messdaten mit dem PAMTool zu verwenden. Des Weiteren ist die Nutzbarkeit der Textdateien auch bei zukünftigen Weiterentwicklungen auf Grund der einfachen Lesbarkeit (menschenlesbar) garantiert.

Das Modul PAMTool_Analyse liest die Messwerte, die durch das bereits in Abschnitt 4.4.1 beschriebene Modul PAMTool_Measurement erfassten wurden, aus einer Textdatei ein. Es bestimmt die für das Messsignal charakteristischen Größen Amplitudenverhältnis $\left|\frac{U_{R_3}}{U_{AC}}\right|$, Phasenwinkel Φ sowie den Gleichanteil von U_{R_3}. Die Größen werden an PAMTool_Circuit übergeben und es erfolgt die Berechnung von C_p, R_p und R_{iso}. Das Modul PAMTool_Plotter erlaubt die Visualisierung der Ergebnisse sowie der Mess- und Zwischenwerte. Zur Dimensionierung der Messschaltung auf ein spezifisches DUT wird PAMTool_OptCircuit bereitgestellt. Die Funktionsweise der einzelnen Module wird im Folgenden näher vorgestellt.

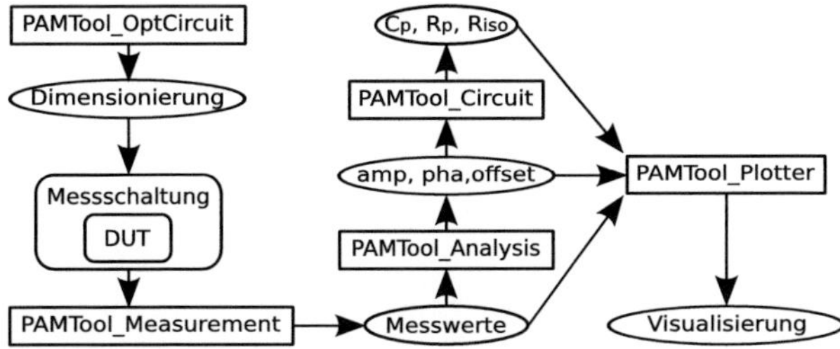

Abb. 4.5: Die einzelnen Module von PAMTool und der implementierte Datenfluss von der Messwerterfassung bis zur Visualisierung der Ergebnisse. Des Weiteren enthält das Programmpaket ein Modul zur Dimensionierung der Messschaltung.

4.4.3 PAMTool_Analysis

Das Modul beinhaltet die Vorverarbeitung der Messdaten (vgl. Abschnitt 3.3.1) und die Algorithmen zur anschließenden Bestimmung des Amplituden- und Phasenverhältnisses (vgl. Abschnitt 3.3.2) sowie des Gleichanteils von U_{R_3}. Des Weiteren wird in dem Modul ein zeitlicher Versatz zwischen den zwei Messsignalen U_{AC} und U_{R_3} korrigiert. Der Versatz resultiert aus der Arbeitsweise der verwendeten Messkarte. Sie zeichnet die einzelnen Kanäle im Multiplexing mit nur einem Analog-Digital-Wandler (AD-Wandler) auf, was zu einem zeitlichen Versatz zwischen den einzelnen Kanälen führt [59].

Der Bediener kann sowohl einzelne Messdateien als auch Listen von mehreren Messdateien zur Auswertung in das Programmmodul laden. Dabei können der zu analysierende Abschnitt, die Framegröße und die Schrittweite zwischen den Frames über die graphische Oberfläche vorgegeben werden. Die Datenanalyse erfolgt jeweils pro Frame in folgenden Schritten.

Nach der Detektion und Entfernung von Artefakten wird in jedem Frame zuerst der Gleichanteil über den Mittelwert des Signals berechnet. Anschließend werden die Nullstellen des um den Gleichanteil bereinigten Signals bestimmt. Zur Erhöhung der Genauigkeit wird der wahre Nullstellenwert jeweils zwischen den zwei Abtastwerten durch lineare Interpolation ermittelt. Die Nullstellenwerte dienen der Phasenbestimmung. In einem weiteren Schritt werden jetzt die Extrema zwischen den Nullstellen erkannt und daraus die Amplitude berechnet. Aus den einzelnen Werten wird jeweils ein Mittelwert für den gesamten Frame errechnet. Die Mittelwerte sowie die Standardabweichung der jeweiligen Einzelwerte werden zur weiteren Verwendung in einer Datei gespeichert.

4.4.4 PAMTool_Circuit

Das Modul PAMTool_Circuit berechnet aus den von PAMTool_Analysis erzeugten Ergebnissen (Amplitudenverhältnis $|\frac{U_{R_3}}{U_{AC}}|$, Phasenwinkel Φ, Gleichanteil U_{R_3}) die Ersatzparameter C_p, R_p und R_{iso}. Dazu wird das in Abschnitt 3.2.2 entwickelte Modell des Messsystems benutzt. Der für die Rückrechnung der Übertragungsfunktion eingesetzte Optimierer (vgl. Abschnitt 3.2.2.2) basiert auf der Methode der kleinsten Fehlerquadrate (least square method) und verwendet intern zur Auffindung des gesuchten Fehlerminimums den Levenberg-Marquardt Algorithmus aus der Fortran-Implementierung von MINPACK [139]. Die verwendete Funktion aus der Python-Bibliothek Scipy heißt scipy.optimize.minpack.leastsq [198]. Die in Abschnitt 3.4.1 beschriebene Skalierung der Messwerte zur Genauigkeitsverbesserung ist ebenfalls in PAMTool_Circuit implementiert.

4.4.5 PAMTool_OptCircuit

Das Modul PAMTool_OptCircuit dient der Dimensionierung der Messschaltung (vgl. Abschnitt 3.2.2.3) für spezifische DUTs und der Analyse des Schaltungsverhaltens. Zur Berechnung der Kennfelder ist in dem Programmmodul das Modell des Messsystems (vgl. Abschnitt 3.2.2) implementiert. Der Nutzer kann durch Vorgabe und Variation von Bauelementen bzw. Kennwerten des DUTs das Verhalten der Messschaltung simulieren und graphisch darstellen. Dazu steht die in Abbildung 4.6 gezeigte graphische Oberfläche bereit. In ihr können mehrdimensionale Parameterläufe durchgeführt werden, so dass eine Schaltungsdimensionierung mit für die Auswertung günstigen Kennfeld-Gradienten gefunden werden kann.

4.4.6 PAMTool_Plotter

Für die Visualisierung und Analyse von Messwerten und (Zwischen)ergebnissen wird das Programmmodul PAMTool_Plotter bereitgestellt. Die Speicherung der mit dem Mo-

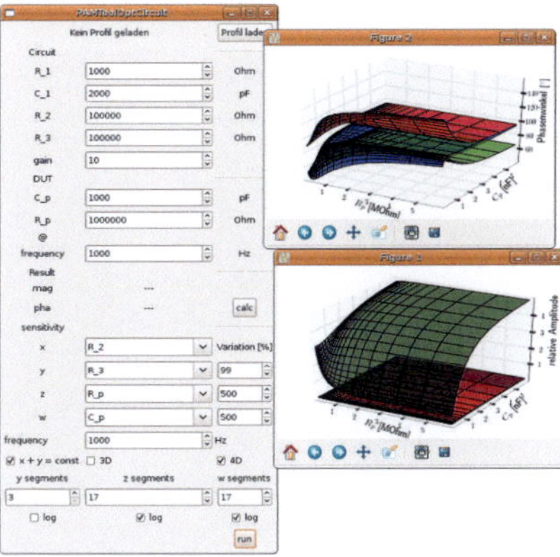

Abb. 4.6: Oberfläche des Programmmoduls PAMTool_OptCircuit zur Dimensionierung und Analyse des Übertragungsverhaltens der Messschaltung

dul erzeugten Diagramme ist für die weitere Verwendung in Berichten ausgelegt. Um ein einheitliches Layout zu gewährleisten, sind alle betreffenden Einstellung (Fonts, Achseneinteilungen, Linienstärken etc.) in einer einfach zu editierenden Konfigurationsdatei zusammengefasst. Die Nutzung von LaTeX-Fonts [116] ist ebenfalls möglich.

5 Prototypische Realisierung

5.1 Zielsetzung

In dem Kapitel wird die exemplarische Anwendung der im Abschnitt 2.3.3 vorgestellten neuen Methodik beschrieben. Das Anwendungsbeispiel verdeutlicht das Vorgehen und die Funktionsweise der Methodik. Es wird anschaulich dargestellt, wie die neue Methodik und das hierzu entwickelte graphentheoretische Modell genutzt werden können. Die Datenbasis bilden Literaturquellen. Die Informationen der Datenbasis werden unter Verwendung der graphentheoretischen Modellierung in die erweiterte Methodik eingeordnet. Dabei fand die im Kapitel 4 beschriebene Implementierung Anwendung. Aus Gründen der Übersichtlichkeit wird bei den folgenden Darstellungen auf komplexe Attributierung verzichtet. Es werden nur die für die diskutierte Problemstellung relevanten Informationen dargestellt.

Als Beispiel wird eine konzeptionelle Problemstellung zum Thema Aktordesign betrachtet. Für ein Mikrosystem (MEMS) soll ein piezokeramisches Biegeelement entwickelt werden. Als technologischer Ausgangspunkt wird die in Abbildung 2.2 links unten dargestellte Teststruktur mit piezokeramischer Dickschicht auf LTCC-Substrat gewählt. Das zu konzipierende Biegeelement soll sich durch eine höhere Steifigkeit auszeichnen. Es soll ebenfalls ein keramisches Substrat nutzen. Damit kann bei entsprechender technologischer Umsetzung ein erhöhter Temperatureinsatzbereich erzielt werden. Des Weiteren soll sich das Biegeelement durch eine höhere freie Auslenkung auszeichnen. Die Ansteuerspannung soll unter den bei Dickschicht-Biegern üblichen 200 V liegen.

5.2 Anwendung der neuen Methodik bei der Lösungsfindung

Ausgehend vom neuen Gesamtkonzept in Abbildung 2.1 gilt es zunächst, den Stand der Technik in der Datenrepräsentation des verallgemeinerten Aktormodells zu erfassen.

Hierzu sind im Anhang C.1 auszugsweise drei aktorische Bauteile aufgeführt. Sie dienen als Datenbasis für das Anwendungsbeispiel. Es ist jeweils der Lebenszyklus (Herstellungsdaten und Kenngrößen) der Bauteile dargestellt.

Im nächsten Schritt muss die Entwicklungsaufgabe definiert werden. Sie leitet sich vom technologischen Ausgangspunkt ab. Der dazugehörige Bauteil-Graph entspricht dem Graph in Abbildung 2.7 rechts. Für die Entwicklungsaufgabe kann damit der in Abbildung 5.1 gezeigte verallgemeinerte Bauteil-Graph abgeleitet werden. Der Graph beschreibt die allgemeine Struktur des gesuchten Aktorelements. Es besteht aus den Komponenten (Knoten) Keramik, Elektrode, Isolierung und einer Kontaktierung. Die Kanten des Graphen zeigen vorhandene Verbindungen zwischen den Komponenten. Mit dem Ziel-Graph kann nun eine strukturbasierte Suche in den bekannten Bauteilen durchgeführt werden. Das Ergebnis der Suche liefert Bauteile, die in ihrer verallgemeinerten Struktur den Ziel-Graph enthalten. Die Tabelle 5.1 gibt das Suchergebnis in zusammengefasster und gekürzter Form wieder. Mit den nach Komponenten (Knoten) und Grenzschichten (Kanten) geordneten Informationen kann eine weiterführende inhaltliche Analyse zur Lösungsfindung durchgeführt werden.

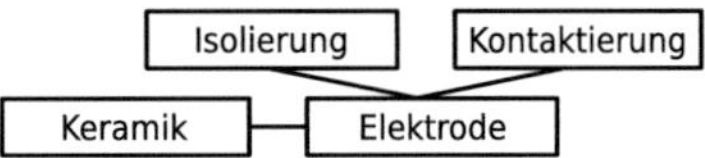

Abb. 5.1: Verallgemeinerter Bauteil-Graph, der die Entwicklungsaufgabe in der neuen Modellierung beschreibt.

Ein möglicher Lösungsansatz ist ein Aktordesign, bei dem die Grundidee eines d_{33}-Multilayer-Komposits aufgegriffen wird. Der Einsatz einer Scheibe, die von einem d_{33}-Multilayer-Aktor senkrecht zu den Elektroden abgesägt wurde, als aktorisches Element verspricht nach Vergleich der Dehnungswerte die gewünschte Auslenkungssteigerung. Durch die Dicke der Aktorscheibe kann die generierbare Kraft des Aktorelements eingestellt werden, so dass eine robuste Realisierung mit entsprechend dickem Substrat möglich ist. Damit kann die erhöhte Steifigkeit des Biegeelements erreicht werden. Die bei Multilayer-Aktoren üblichen Schichtdicken von ca. $50\,\mu$m bis $80\,\mu$m bedingen maximale Betriebsspannungen von ca. $100\,$V bis $160\,$V, so dass die Senkung der Be-

	DICKSCHICHT-BIEGER [189], [71]	d_{33}-MULTILAYER-KOMPOSIT [88]	d_{31}-KOMPOSIT [227]
KNOTEN			
Isolation	Aluminiumoxid, LTCC	Polyesterflies, Verguss, PIC252	Polymerflies,Bettungsmasse
Kontaktierung	Lötpad	Cu-Mesh	Cu-Mesh
Elektrode *Attribute*	*Au* oder *Pt* *siebgedruckt*	*Ag/Pd*(70/30) —	*Cr/Ni/Au* —
Keramik *Attribute*	PZT-Dickschicht *mehrfach siebgedruckt*	PIC252 —	Sonox P53 —
KANTE			
Isolation Kontaktierung	—	—	Haftschicht
Isolation Elektrode	eingebrannt	passiv, einseitig, Stoffschluss	—
Isolation Keramik	—	cogesintert (PIC252-PIC252), polymere Haftschicht (PIC-Verguss)	—
Keramik Elektrode	mehrfach gesintert bei 900 °C, Flüssigphase	cogesintert	gesputtert
Elektrode Kontaktierung	—	phy. Kontakt	phy. Kontakt

Tab. 5.1: Suchergebnis nach dem verallgemeinerten Bauteil-Graph der Entwicklungsaufgabe. In den Zeilen sind jeweils die Knoten bzw. Kanten mit dazugehörigen Attributen aufgeführt. Die Spalten benennen die drei Bauteile der Datenbasis.

triebsspannung im Vergleich zum Dickschicht-Bieger realisierbar ist. Der Aufbau eines Dickschicht-Biegers mit wesentlich größerer Schichtdicke stellt keine Lösungsalternative dar, da die benötigte Schichtdicke aus technologischen Gründen nicht realisierbar ist. Außerdem wird auf Grund der Nutzung des d_{31}-Effekts eine größere Schichtdicke zu einer unerwünschten Erhöhung der Ansteuerspannung führen.

Für den Aufbau eines Biegeelements mit d_{33}-Aktorscheibe ist es notwendig, die Aktorscheibe in Arbeitsrichtung parallel und kraftschlüssig mit dem Substrat zu verbinden (fügen). Laut der Kantenbeschreibung des d_{33}-Multilayer-Komposites sind die Keramik und die Isolation über eine polymere Haftschicht miteinander verbunden. Die Haftschicht ist für die Entwicklungsaufgabe auf Grund der erhöhten Einsatztemperatur nicht nutzbar und es muss eine alternative Verbindungstechnologie gefunden werden.

Bei Betrachtung der Grenzschichtausbildung der anderen Bauteile ist festzustellen, dass bei Dickschicht-Biegern gesintertes PZT- bzw. Elektrodenmaterial mit weiteren siebgedruckten Schichten bzw. dem Substrat versintert wird. Ein erster Blick auf die Sintertemperaturen und den Sintermechanismus (Flüssigphase) bestätigt, dass die Technologie einen potentiellen Lösungsansatz für die Fügung bietet.

Mit dem ersten Konzept für das zu entwickelnde Biegeelement können entsprechende Herstellungsversuche mit anschließender Charakterisierung und Auswertung durchgeführt werden. Die erzielten Ergebnisse müssen in das Aktormodell rückgekoppelt werden und das Aktordesign kann entsprechend der Versuchsergebnisse angepasst werden. Das erlangte Wissen aus den Versuchen erweitert die Datenbasis. Es kann für andere Aufgabenstellungen wieder verwendet werden. Im Folgenden werden die Herstellungsversuche dargestellt und es wird eine prototypisch umgesetzte Herstellungstechnologie für das Aktorelement beschrieben.

5.3 Nutzung der neuen Methodik bei der technologischen Umsetzung

Den obigen Ausführungen folgend wurde in einer ersten Experimentenreihe versucht, die gesägten d_{33}-Aktorscheiben mittels PZT-Siebdruckschicht mit Aluminiumoxid-Substrat zu verbinden. Dabei wurde der Verarbeitungszustand der Siebdruckschicht (noch feucht, trocken, gesintert) variiert. Die Auswertung ergab, dass bei den Versuchen keine ausreichend mechanisch belastbare Fügeverbindung hergestellt werden konnte. Auf Grund des Ergebnisses musste das Verbindungskonzept neu überdacht werden.

Es konnte in der Datenbasis ein Patent [75] identifiziert werden, welches die Verbindung von Piezokeramik (PZT) mit einem keramischen Substrat über ein Fügeglas realisiert. Die Grundidee, ein niedrigschmelzendes Fügeglas zu verwenden, wurde aufgegriffen. Es wurde das Komposit-Glaslot G017-393 des Herstellers Schott [61], [210] ausgewählt. Als Substrate wurden für die Experimentenreihe Aluminiumoxid und LTCC genutzt.

Die Glaspaste wird im manuellen Siebdruck sowohl auf das Substrat als auch auf die Unterseite der d_{33}-Aktorscheibe aufgebracht. Im nächsten Schritt wird die Glaspaste bei 350 °C entbindert und für 10 min bei 420 °C vorverglast. Die abgekühlten Teile werden dann in die angestrebte Fügeposition gebracht, mit ca. 400 g beschwert und bei 420 °C in 15 min gefügt. Der in der zweiten Experimentenreihe durchgeführte Herstellungsprozess ist in Abbildung C.4 im graphentheoretischen Modell dargestellt. Zur Illustration sind in der Abbildung 5.2 die Herstellungsobjekte der einzelnen Prozessschritte gezeigt.

Abb. 5.2: links: Aluminiumoxid-Substrate, rechts: d_{33}-Aktorscheiben, In den Bildern ist links jeweils die Komponente mit siebgedruckter Pastenschicht zu sehen. Die rechten Bilder zeigen die Komponenten nach dem Binderausbrand und der Vorverglasung.

Ergebnis des Herstellungsprozesses ist das in Abbildung 5.3 gezeigte Funktionsmuster. Entsprechend der verfolgten Methodik (vgl. Abbildung 2.1) muss das prototypische Biegeelement einer Charakterisierung und einer ersten Erkundung von möglichen Schadensphänomenen unterzogen werden. Dazu wird das neue Messsystem eingesetzt. Der folgende Abschnitt stellt die experimentellen Ergebnisse auszugsweise dar.

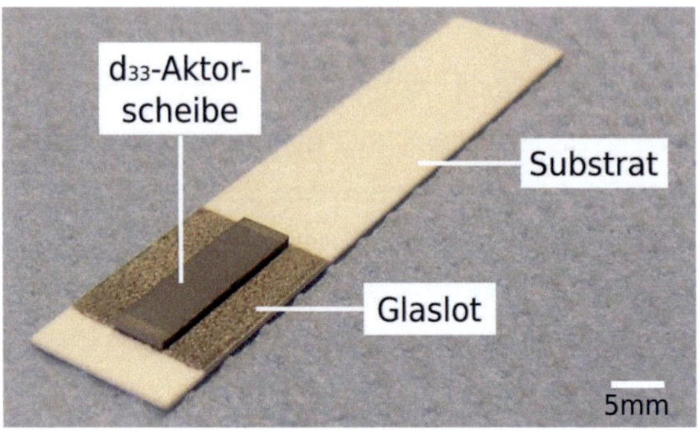

Abb. 5.3: Prototypischer Aufbau des aktorischen Elements

5.4 Charakterisierung

Ziel der Charakterisierung ist die experimentelle Erkundung der Funktionseigenschaften, so dass die Leistungsfähigkeit des Biegeelements beurteilt werden kann und frühzeitig im Entwicklungsprozess mögliche Schadensphänomene bzw. zuverlässigkeitsrelevante Schwachstellen erkannt werden können (vgl. Abschnitt 3.1.2). Dazu werden hier die Messungen der freien Auslenkung und eine Messung mit einem mehrdimensionalen Belastungsprofil vorgestellt.

Zur Bestimmung der freien Auslenkung des Prototypen wurde eine Messung am einseitig eingespannten Biegeelement durchgeführt. Das dazu verwendete Funktionsmuster hat die in der rechten Spalte der Tabelle C.1 ausgeführte Geometrie. Der zur Messung genutzte Aufbau ist in Abbildung 5.4 links gezeigt. Die Wegmessung erfolgte kontaktlos über ein Lasermesssystem. Der rechte Teil der Abbildung 5.4 stellt die erhaltenen Messkurven dar. Der Prototyp erreicht eine maximale freie Auslenkung von ca. $130\,\mu$m bei einer Ansteuerspannung von $150\,$V ($3\,$kV$/$mm). Die Messkurven zeigen den für piezokeramische Aktorelemente typischen Kurvenverlauf (vgl. Abschnitt 1.2.2.2).

Des Weiteren wurde das neue Messsystem genutzt, um mögliche Schadensphänomene zu untersuchen. Als DUT wurde ein Biegersegment mit Aktorscheibe gewählt. Dabei wurde das DUT einem mehrdimensionalen Belastungsprofil ausgesetzt. Es besteht aus einer zeitlichen Variation der Temperatur und einer Überlagerung von $100\,$V Gleichspannung (VDC, entspricht $2\,$kV$/$mm). Die Abbildung zeigt das Belastungsprofil und

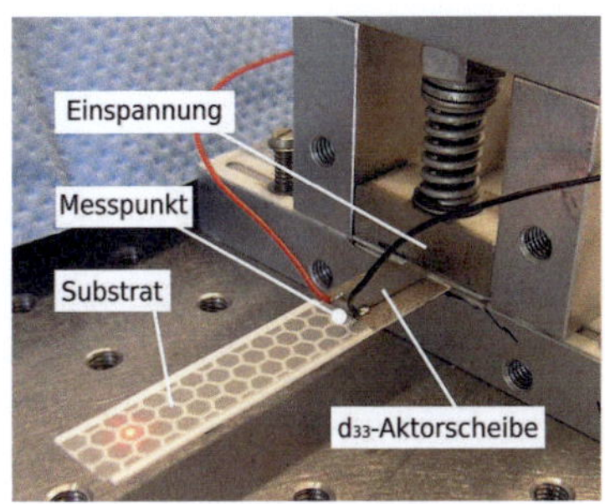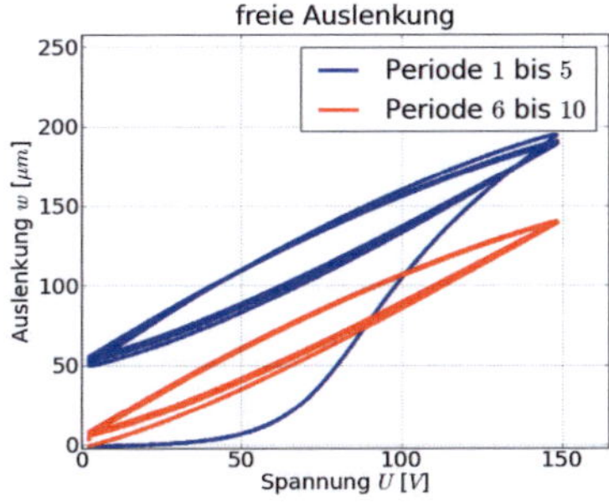

Abb. 5.4: links: einseitig in der Messhalterung eingespanntes Biegeelement, rechts: freie Auslenkung w aufgetragen über der Ansteuerspannung U (Dreieck mit $T = 20\,\text{s}$). Die Auslenkung ist $19\,\text{mm}$ von der Einspannung am Ende der Aktorscheibe gemessen worden. Das Diagramm stellt die als Polarisation genutzten ersten fünf Ansteuerperioden (Erstkurve) und in der zweiten Kurve fünf sich zeitlich daran anschließende Perioden dar.

die gemessene Ersatzkapazität C_p des DUT. Der bei der Messung ebenfalls bestimmte Isolationswiderstand R_{iso} liegt über dem gesamten Belastungsverlauf im einstelligen GΩ-Bereich. Im folgenden Abschnitt werden die Messungen und das Ergebnis der prototypischen Realisierung bewertet.

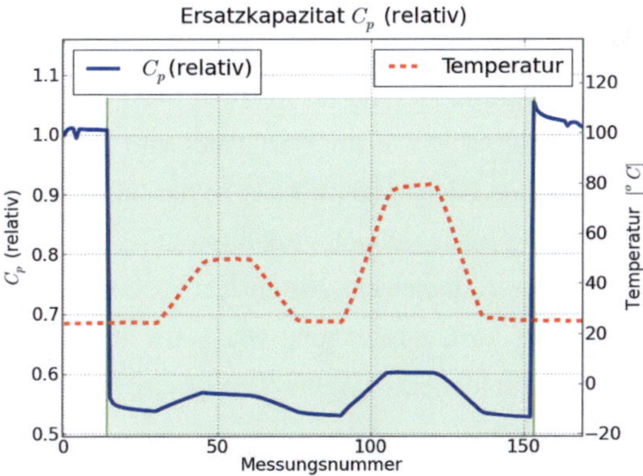

Abb. 5.5: Verlauf der Ersatzkapazität C_p (blau) des DUT unter dem Belastungsprofil. Das Belastungsprofil setzt sich aus dem rot dargestellten Temperaturverlauf und der grün markierten Zeit mit einer Spannungsbelastung von $100\,\text{V}$ zusammen. Die Messzeit pro Messung betrug $60\,\text{s}$, wobei alle $2\,\text{min}$ gemessen wurde.

5.5 Ergebnis

Die Nutzung der neuen Methodik für die Konzeption und technologische Umsetzung eines neuen piezokeramischen Biegeelements konnte in dem Kapitel erfolgreich gezeigt werden. Die Methodik hat sich sowohl bei der systematischen Erstellung eines ersten Konzepts als auch bei der Lösung von aufgetretenen technologischen Problemen bewährt. Ein funktionsfähiger Prototyp wurde aufgebaut und konnte der Methodik folgend einer Charakterisierung unterzogen werden.

Die Messung mit dem neuen Messsystem kann nur phänomenologisch interpretiert werden, da das Biegeelemente neu ist und nur ein DUT vermessen wurde. Der Werteverlauf der Ersatzkapazität C_p zeigt, dass die thermische Belastung zu einer Kapazitätsänderung von ca. 2‰ pro Kelvin führt. Laut Datenblatt [162] kann der Wert als durchaus typisch eingestuft werden. Des Weiteren wird in der Literatur angegeben, dass sowohl das piezokeramische Material [164], das Substrat als auch das Fügeglas [61] bis 150 °C eingesetzt werden können. Damit ist die Forderung nach einem erhöhten Temperatureinsatzbereich gut erfüllt.

Die große Kapazitätsänderung von über 40% zwischen elektrisch belastetem bzw. unbelastetem DUT ist im Vergleich zu Messungen an anderen PZT-Materialien, die mit dem Messsystem durchgeführt wurden, nicht typisch. Das kann auf ein Schadensphänomen hinweisen. So ist es gut vorstellbar, dass die Auslenkung des Elements Delaminationen bzw. Dekontaktierungen verursacht. Der Sachverhalt muss durch weiterführende Analysen und Experimente untersucht werden. Der gemessene Isolationswiderstand R_{iso} ist in Anbetracht der manuellen Herstellung mittels Sägen und Schleifen als ausreichend hoch einzustufen. Entsprechende technologische Optimierungen und eine zusätzliche Isolation der Oberseite der Aktorscheibe bieten hier weiteres Verbesserungspotential. Allgemein ist die niedrige Ansteuerspannung von 100 V für die übliche Betriebsfeldstärke von 2 kV/mm an dem hier entwickelten Designkonzept vorteilhaft.

Abschließend gilt es entsprechend der Zielstellung (vgl. Abschnitt 5.1), das Auslenkungsvermögen und die Steifigkeit des neuen Biegeelements mit dem technologischen Ausgangspunkt zu vergleichen. Im Anhang C.2 sind hierzu Geometrie und Materialdaten der beiden Realisierungen aufgeführt. Der Vergleich der Auslenkungsmessung oben mit den Angaben aus [19] ergibt eine Verdopplung der Auslenkung von 40 μm auf

$80\,\mu$m bei gleicher Biegerlänge. Die sich aus der Geometrie und den Materialdaten ergebende Biegesteifigkeit allein bezogen auf das Substrat ist um den Faktor 350 größer. Des Weiteren bietet die gezielte Auslegung und Optimierung der geometrischen Relationen zwischen Substrat und piezokeramischen Element sowohl für die Verbesserung der Leistungsfähigkeit als auch für die gezielte Einstellung des mechanischen Spannungszustandes am piezokeramischen Element großes Potential.

6 Zusammenfassung

Die derzeit für die Entwicklung von piezokeramischen Materialien und Bauteilen eingesetzte Methodik ist für die effiziente, nachhaltige und computergestützte Nutzung von experimentellen Daten und von bekanntem Wissen nicht ausreichend. Die vorliegende Arbeit beschäftigt sich mit einem neuen Gesamtkonzept (Kapitel 2), welches den beschriebenen Mangel behebt. Dazu wird ein neues Aktormodell entwickelt und für die computergestützte Nutzung durch Anwendung der Graphentheorie umgesetzt. Mit dem neuen Darstellungskonzept ist erstmals die ganzheitliche Abbildung von Materialien und Bauteilen vom Herstellungsprozess bis zur Betriebs- bzw. Belastungsphase möglich. Die strukturellen und funktionalen Informationen aus dem Aktormodell, das Herstellungs- und Prozessierungswissen als auch die dahinterliegenden Datensätze eines jeden Aktorelements sowie das Betriebsverhalten und die Schadensvorgänge werden formalisiert dargestellt. Die erweiterte Methodik eignet sich sowohl für Hochdurchsatzmethoden (HTE und HTC) bei Materialentwicklungen als auch für die Entwicklung neuer Mikrosysteme (MEMS). Zur Effizienzsteigerung bei der Datenauswertung wird zudem ein neuer Ansatz zur Clusterung bzw. physikalisch motivierten Klassifikation von Großsignal-Messdaten vorgestellt.

Im zweiten Teil der Arbeit (Kapitel 3) wird ein neues Messsystem zum Monitoring des Schadensfortschrittes bei mehrdimensionaler Belastung konzipiert und umgesetzt. Das Messsystem fügt sich in das neue Gesamtkonzept ein und ist für die effektive Umsetzung der vorgeschlagenen Methodik notwendig. Das System ist zur gezielten und beschleunigten Charakterisierung des Langzeitverhaltens und zur Untersuchung von Schadensmoden unter elektrischer Gleichspannung (VDC) geeignet.

Für das Messsystem werden speziell angepasste Werkzeuge zur Dimensionierung, Datenerfassung und Auswertung bereitgestellt. Sie sind Teil eines in der vorliegenden Arbeit modular implementierten Softwarepakets (Kapitel 4). Das Paket enthält des Weiteren ein Progamm für die praktische Umsetzung der neuen Methodik zur Modellierung und zum Entwurf keramischer Aktorelemente. Es erlaubt die Erstellung von Bauteil-strukturen (Graphen) mit dazugehörigen Eigenschaften (Attributen), die Eingabe von Bauteil-Lebenszyklen und die Struktur- bzw. Stichwortsuche im erfassten Datenbestand. Für die effiziente Einbindung von Ergebnissen der Polarisations- und Dehnungsmessung in das Gesamtkonzept wurde eine automatisierte Analyse von Großsignal-Messkurven geschaffen.

Für das Anwendungsbeispiel eines in der vorliegenden Arbeit entwickelten Biegeelements für ein Mikrosystem (MEMS) wurde die neue Methodik zur Entwicklung von keramischen Aktorelementen genutzt (Kapitel 5). Die Ausführungen zeigen, dass sich die Methodik sowohl bei der systematischen Erstellung eines ersten Umsetzungskonzepts als auch bei der Lösung von aufgetretenen technologischen Problemen bewährt hat. Es konnte ein funktionsfähiger Prototyp aufgebaut und entsprechend der Methodik charakterisiert werden.

Die wichtigsten Ergebnisse der Arbeit sind:

1. Entwicklung einer neuen Methodik zur Modellierung und zum Entwurf kerami-scher Aktorelemente, welche die Einbeziehung von a priori Wissen beinhaltet und in der zusätzlich die Entwicklungsaufgabe formuliert werden kann sowie umfas-send und nachhaltig Literaturkenntnisse, Erfahrungswissen und Messdaten genutzt werden können.

2. Ableitung eines neuen, verallgemeinerten Aktormodells, das die vereinheitlich-te und abstrahierte Darstellung des Aktoraufbaus durch typisierte Komponenten umsetzt sowie die Einwirkung von Umweltfaktoren und die Wechselwirkung an Grenzschichten zwischen den Aktorkomponenten darstellt.

3. Erstellung einer Systematik zum Betriebsverhalten und zu Schadensmoden pie-zokeramischer Aktorelemente, mit der die Kategorisierung des Aktorverhaltens systematisch dargestellt wird und das die Schadensmoden nach Ort, Zeitskala und Strukturebene einordnet.

4. Herleitung eines neuen graphentheoretischen Modells zur systematischen Reprä-sentation der Mess- und Entwicklungsdaten, wobei das neue Darstellungskon-zept das Aktormodell als Graph abgebildet und die Mess- und Entwicklungsdaten mit dem Aktormodell verknüpft und zeitreferenziert über den Lebenszyklus (be-

stehend aus Herstellungsprozess und Betriebs- bzw. Belastungsphase) dargestellt werden.

5. Implementierung einer Software zum Wissensmanagement in der Programmiersprache Python, welche sowohl zur Eingabe, Darstellung, Verwaltung und Speicherung von graphentheoretischen Modellen dient als auch zum Design und zur Optimierung von Aktorelementen genutzt werden kann.

6. Anwendung der neuen Methodik und der graphentheoretischen Modellierung für den Entwurf (Konzeption) und die technologische Umsetzung eines neuen Aktorelements mit am Prototyp gemessener erhöhter Leistungsfähigkeit.

7. Umsetzung einer Merkmalsextraktion für Großsignal-Messkurven, deren Neuheitswert in einer robusten Bestimmung der Wendepunkte von Großsignal-Messkurven besteht und die automatisiert einen wichtigen Parameter zur Beschreibung von Kurveneigenschaften liefert.

8. Konzeption und Implementierung eines Algorithmus zur Clusterung von Großsignal-Messkurven, mit dem die Kurvenformen unüberwacht gruppiert werden und der das automatisierte Auffinden von Subclustern umsetzt.

9. Konzeption und Aufbau eines neuen Messsystems zur Bestimmung von Kleinsignal-Kenngrößen C_p und R_p sowie des Isolationswiderstandes R_{iso}, das frühzeitig im Entwicklungsprozess die Erkennung von Schädigungen an DUT, die unter mehrdimensionalen Großsignal-Belastung (elektrisches Großsignal-Gleichfeld (VDC) sowie zusätzlich Temperatur, Feuchte, Medien etc.) stehen, ermöglicht.

10. Entwicklung eines Algorithmus zur problemspezifischen Auslegung der Messschaltung, mit dem eine zielgerichtete Dimensionierung der Schaltung für spezifische DUTs ermöglicht wird und der die Basis für eine genaue Bestimmung der Aktorkenngrößen darstellt.

11. Nachweis der Funktionsfähigkeit für das Messsystem an verschiedenen DUTs und experimentelle Bestimmung der Messgenauigkeit, welche für die Überwachung von Schadensfortschritten bei Zuverlässigkeitsuntersuchungen ausreichend ist.

12. Konzeption und Implementierung eines optimierten Verfahrens zur Detektion von Störungen (Artefakte) im Messsignal, so dass elektromagnetische Störungen und Entladungen aus dem Messsignal entfernt werden können und die Robustheit der nachgelagerten Auswertungsalgorithmen gesteigert wird.

Die vorgeschlagene neue Methodik zur Modellierung und zum Entwurf keramischer Aktorelemente nutzt intensiv computerbasierte Auswertungsalgorithmen. Damit kann der zeitliche und manuelle Aufwand bei der Modellierung erheblich gesenkt werden. Das Potential hierbei ist noch nicht ausgeschöpft. Durch die Automatisierung von Herstellungsprozessen sowie von Betriebs- und Belastungsuntersuchungen besteht die Möglichkeit, die gesamte oder zumindest Teile der Datenbasis (Metadaten, Herstellungs- und Prozessdaten, Betriebs- und Belastungsdaten) computergestützt in das neu entwickelte graphentheoretische Modell zu übernehmen. Ein vergleichbarer Ansatz mit automatisierter Datenaufbereitung und einer noch wesentlich weitreichenderen Datennutzung ist aus dem Gebiet der Biologie bekannt. So berichten [104] und [103] von der erfolgreichen Nutzung eines Forschungsroboters ("Robot Scientist") zur automatisierten Datenarchivierung. Anschließend wurde die aufgezeichnete Datenbasis in weiteren Versuchen zur autonomen Generierung einer Forschungshypothese sowie deren automatisierten, experimentellen Bestätigung genutzt.

Die derzeitig manuell umgesetzte Übernahme von Literaturdaten in das graphentheoretische Modell ist ebenfalls offen für weitere Automatisierung. So können sich zukünftige Arbeiten mit der algorithmierten Generierung von Bauteilgraphen und Attributen aus Literaturdaten beschäftigen. Außerdem bietet die Erweiterung der Suchfunktionalität in der graphentheoretischen Modellierung die Möglichkeit, durch Methoden des Data Mining computergestützt Lösungsvorschläge zu Suchanfragen zu generieren. So ist es denkbar, auf Suchanfragen auch Komponentenkombinationen auszugeben, die in der Datenbasis noch nicht existieren, deren Attributierung aber sehr gut auf die Suchanfrage passt. Die Effektivität solcher Ansätze muss kritisch hinterfragt bzw. quantifiziert werden.

Der für die Gruppierung der Großsignal-Messkurven entwickelte Algorithmus kann auch für andere Messkurven mit ähnlichen Eigenschaften genutzt werden. Beispielsweise wird im DFG-Sonderforschungsbereich Transregio 39 (PT-PIESA) [143] durch den Autor ein neues Messverfahren zur Bestimmung des Polarisationszustandes von piezokeramischen Elementen entwickelt. Dazu wird die Ladungsabgabe bzw. der Stromfluss bei thermisch induzierter Depolarisation des DUT gemessen [22]. Der neue Algorithmus eignet sich auch für die Gruppierung solcher Messkurven sehr gut. Des Weiteren ist eine Nutzung des neuen Algorithmus für Messungen des Temperaturkoeffizienten der Kapazität (TkC) vorstellbar. Für eine robuste Umsetzung ist jeweils eine entsprechende Anpassung der Vorverarbeitung auf die spezifischen Kurveneigenschaften notwendig.

A Methodik

A.1 Vergleich Entwicklungsmethodik

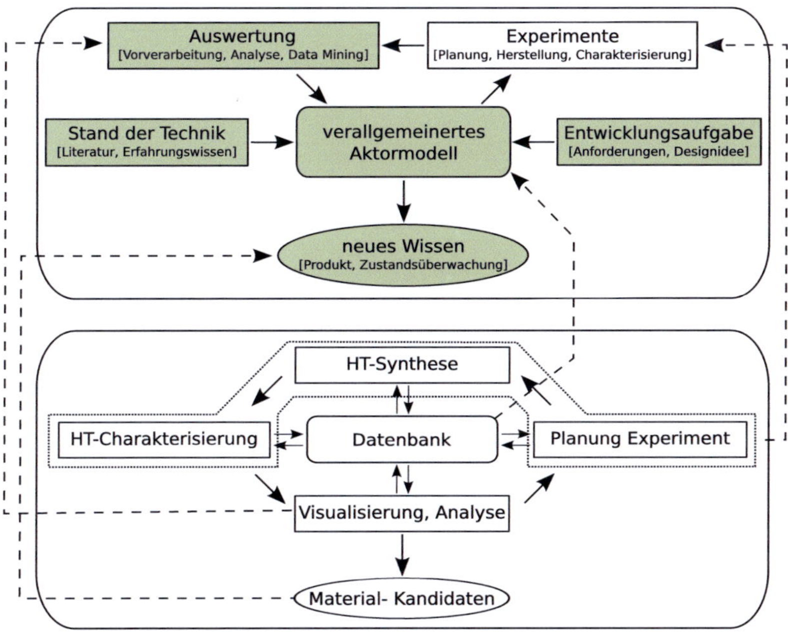

Abb. A.1: Die Unterschiede und Gemeinsamkeiten der erweiterten Methodik (oben) im Vergleich zur derzeitigen Methodik (unten). Die Einziehung von Informationen aus dem "Stand der Technik" und der "Entwicklungsaufgabe" in die Entwicklungsmethodik ist neu. Das dazu in der vorliegenden Arbeit entwickelte "verallgemeinerte Aktormodell" ist ebenfalls neu. Die "Visualisierung" wurde um wesentliche Komponenten erweitert, so dass durch das entwickelte Gesamtkonzept "neues Wissen" generiert werden kann. Die neuen Anteile sind grün markiert.

A.2 Übersicht der Schadensmoden

Die Tabelle auf den folgenden Seiten fasst die Analyse von zahlreichen Veröffentlichungen zu Zuverlässigkeitsuntersuchungen und Schadensmoden von piezokeramischen Aktoren zusammen. Die hierzu genutzte Literatur beschäftigt sich hauptsächlich mit Multilayer-Aktoren. Der Aufbau von Multilayer-Aktoren ist durch die wiederholte Anordnung einzelner Schichten von Keramik- und Elektrodenmaterial charakterisiert. Damit ist der Aufbau weitestgehend vergleichbar mit dem zumeist schichtenförmigen Aufbau anderer piezokeramischer Bauteile und die erlangten Ergebnisse können weitestgehend auf diese Bauteile, wie beispielsweise in MEMS einsetzt, übertragen werden.

SCHADENSMODE	SCHADENSMECHANISMUS	SCHADENSPHÄNOMEN	SCHADENSORT	SCHADENSSZENARIO	QUELLEN
RISSE					
Material-Riss	Materialunstetigkeit → Spannungsüberhöhung → Schub- oder Zugspannung → Rissbildung	○ Spitzen-Riss (von Elektrode in Keramik) ○ Quer-Riss (schräg zur Elektrode in Keramik) ○ Sektor-Riss (senkrecht zur Elektrode in Keramik) ○ mech. Zerstörung ○ Entladung in Hohlräumen ○ Kurzschluss	○ Kerbe ○ Pore ○ Elektrode ○ Übergang aktiv-passiv	○ zyklischer Betrieb ○ nicht uniaxiale mech. Belastung ○ Aktordesign	[82], [234], [226], [242], [46], [123], [10]
Grenzflächenriss	unterschiedliche Materialeigenschaften → Unstetigkeiten → mechan. Spannung → Rissbildung (Schub- bzw. Zugspannung	○ Polungsriss ○ Ermüdungsrisse ○ Kantenriss (von außen nach innen) ○ Riss vom aktiven in/durch den passiven Bereich ○ mechan. Zerstörung ○ Kurzschluss	○ Grenzflächen zwischen Materialien bspw. aktiv- passiver Bereich oder Elektrode-Keramik	○ Polung ○ zyklischer Betrieb ○ nicht unaxiale mechan. Belastung ○ Aktordesign	[123], [226], [122], [82], [69]

Tab. A.1: Übersicht der Schadensmoden in piezokeramischen Aktorelementen

SCHADENSMODE	SCHADENSMECHANISMUS	SCHADENSPHÄNOMEN	SCHADENSORT	SCHADENSSZENARIO	QUELLEN
HOHLRÄUME					
Vertiefung Innenelektrode	Elektrodenmaterial zurückgezogen → Hohlraum → Spannungsüberhöhung an Kerbstelle	o Rissbildung (Spitzenriss) o Entladung o Kurzschluss	o Elektrodenspitze	o herstellungsbedingte Anfangsschädigung	[226], [122], [17], [16], [82], [234], [69]
Poren	Feldüberhöhung an Unstetigkeit der Permittivität	o Entladung o Durchschlag	o Keramik	o herstellungsbedingte Anfangsschädigung	[17], [16], [245]
Delamination	schlechter Stoffschluss im Schichtaufbau → fehlende Haftung	o Rissbildung o Aufschmelzen der Elektrode o Dekontaktierung	o Grenzschichten o zumeist Elektrode - Keramik	o herstellungsbedingte Anfangsschädigung o zyklischer Betrieb	[246], [226]
Materialausbrüche	vorhandene Risse → Materialausbruch → Ausbildung von Hohlräumen	o Materialausbrüche o Entladung	o Risse o Korngrenze	o zyklischer Betrieb	[226],[46], [234], [245]
Laminierfehler	Lufteinschluss → Unstetigkeit in Permitivität	o Lufteinschluss o Entladung	o Grenzschicht Elektrode - Keramik o zwischen Materialschichten	o zyklischer Betrieb o Polung	[226]

Tab. A.2: Übersicht der Schadensmoden in piezokeramischen Aktorelementen

SCHADENSMODE	SCHADENSMECHANISMUS	SCHADENSPHÄNOMEN	SCHADENSORT	SCHADENSSZENARIO	QUELLEN
CHEMISCHE PROZESSE					
Silbermigration	ionisiertes Wasser → Ag(OH) wandert zu Kathode → Silberleitpfad (Dendriten)	○ metallische Leitpfade in Keramik ○ Entladung ○ Isolationswiderstand sinkt ○ Kurzschluss ○ Kapazitätsänderung	○ Grenzschicht Elektrode - Keramik	○ Hohe DC-Felder ○ hohe Feuchte ○ silberhaltige Elektroden	[215], [158], [122]
TECHNOLOGIE					
Stapelfehler	falscher geometrischer Aufbau (Fehler in Schichtenfolge)	○ inaktiver Bereich ○ geringe Dehnung	○ Kontaktierung	○ herstellungsbedingte Anfangsschädigung	eigene Experimente
Montage	verschrauben → Torsion verspannen → Querkraft → Scherspannung	○ Rissbildung ○ Delamination ○ Bauteilbruch ○ Kurzschluss	○ Grenzschicht Elektrode - Keramik	○ Montage ○ nicht querkraftfreier Einbau	[229], eigene Experimente
Randüberschläge	elektr. Betrieb → Unterschreiten der Durchschlagsfeldstärke → Leitpfade auf / durch Isolation	○ Entladungen ○ Funkenbildung	○ Passivierung ○ Außenbereich des Aktors	○ Verunreinigungen, Fehler in Isolation ○ nicht ausreichende Isolation ○ Alterung ○ Umweltbedingungen	[46], [226], eigene Experimente

Tab. A.3: Übersicht der Schadensmoden in piezokeramischen Aktorelementen

SCHADENSMODE	SCHADENSMECHANISMUS	SCHADENSPHÄNOMEN	SCHADENSORT	SCHADENSSZENARIO	QUELLEN
AKTORAUFBAU					
Bruch Kontaktierung	Bewegung der am Aktor befestigten Kontaktierung wird durch Isolation behindert → Scherwirkung → Überschreiten der Biegefestigkeit	○ Bruch der Kontaktierung ○ Trennung der elektr. Ansteuerung ○ Abtrennung von Aktorbereichen (schwebende Potenziale) ○ dynamische Dekontaktierung ○ Erwärmung durch fehlenden Leitungsquerschnitt	○ Kontaktierung	○ Aktordesign ○ zyklischer Betrieb	[46], [154]
Bruch Sammelelektrode	Bewegung des Aktors führt zu Dehnung des Elektrodenmaterials → Überschreiten der Zugfestigkeit → Riss	○ Abtrennung von Aktorbereichen (schwebende Potenziale) ○ dynamische Dekontaktierung ○ dynamischer Kurzschluss	○ Kontaktierung ○ Sammelelektrode	○ zyklischer Betrieb	[46], eigene Experimente
Aufschmelzung	elektr. Betrieb → Eigenerwärmung auf Grund zu geringer Stromtragfähigkeit → Erwärmung	○ Materialaufschmelzung (Elektrode) ○ Degradation	○ Elektrode ○ Kontaktierung	○ zyklischer Betrieb ○ Umgebungsbedingungen	[46], [122], eigene Experimente

Tab. A.4: Übersicht der Schadensmoden in piezokeramischen Aktorelementen

SCHADENSMODE	SCHADENSMECHANISMUS	SCHADENSPHÄNOMEN	SCHADENSORT	SCHADENSSZENARIO	QUELLEN
MATERIAL					
Widerstands-degradation	elektr. Betrieb → Materialveränderungen → Materialerwärmung	○ R_{iso} sinkt ○ Stromfluss steigt ○ Erwärmung	○ Keramik	○ zyklischer Betrieb	[120], [231]
Durchschlag	elektr. Betrieb → Überschreiten der Durchschlagsfeldstärke	○ Kurzschluss ○ thermo-mechan. Materialzerstörung ○ Aufschmelzen der Elektroden	○ Keramik	○ elektr. Überlast	[245], [16], eigene Experimente
Depolarisation	mechanische Belastung → mechan. Überlast → Depolarisation der Keramik	○ Aufbau neuer remanenter Polarisation bei Ansteuerung ○ Materialschädigung durch Mikrorissbildung	○ Keramik	○ mechan. (Über)last	[2], [58], [57]
Gitterdefekte	○ Poole-Frenkel Defekte (Tunneleffekt) ○ Schottky Defekte ○ Sauerstoff-Leerstellen	○ spannungsabhängige Leitfähigkeit ○ Sperrschichten ○ lokale Leitungseffekte ○ R_{iso} sinkt	○ Keramik ○ Korngrenzen	○ elektr. Langzeitbetrieb	[115], [7]

Tab. A.5: Übersicht der Schadensmoden in piezokeramischen Aktorelementen

A.3 Mathematische Grundlagen der Clusterung

Der Inhalt des Abschnitts ist [135] entnommen.

Clusterverfahren werden zur Gruppierung von Datensätzen genutzt. Es wird das Ziel verfolgt, die Zugehörigkeit eines jeweiligen Datentupels zu einer Gruppe (Klasse) ähnlicher Datentupel zu bestimmen. Dabei soll der Unterschied zwischen den Gruppen möglichst groß sein. Im Unterschied zur Klassifizierung sind bei der Clusterung im Lerndatensatz (Entwurfsphase) sowohl die Gruppen als auch die Zugehörigkeiten der Datentupel zu den Gruppen unbekannt. Es gilt, mit dem Bewertungsmaß $Q_{Cluster}$ die Summe der Distanzen d_c aller Datentupel zum nächstgelegenen Clusterzentrum $\bar{\mathbf{x}}_c$ zu minimieren. Für eine scharfe Clusterung, bei der jedem Datentupel die Zugehörigkeit zu nur einer Gruppe zugewiesen wird, definiert sich das Bewertungsmaß über die Summe der quadratischen Distanzen mit

$$Q_{Cluster}(\bar{\mathbf{X}}) = \sum_{n=1}^{N} \min_{c} d_c^2(\mathbf{x}[n], \bar{\mathbf{x}}_c) \to \min_{\bar{\mathbf{X}}} \qquad (A.1)$$

Bei der Fuzzy-Clusterung werden unscharfe Zugehörigkeiten $\mu_{B_c}[n]$ eines Datentupels zu den Clustern zugelassen. Das verallgemeinerte Bewertungsmaß lautet somit

$$Q_{Fuzzy-Cluster}(\boldsymbol{\mu}_\mathbf{y}, \bar{\mathbf{X}}) = \sum_{n=1}^{N} \sum_{c=1}^{m_y} (\mu_{B_c}[n])^q \cdot d_c^2(\mathbf{x}[n], \bar{\mathbf{x}}_c) \to \min_{\boldsymbol{\mu}_\mathbf{y}, \bar{\mathbf{X}}}. \qquad (A.2)$$

Durch die Nebenbedingung

$$\sum_{c=1}^{m_y} \mu_{B_c}[n] = 1, \text{ für alle } n = 1, \ldots, N, \text{ mit } \mu_{B_c}[n] \geq 0 \qquad (A.3)$$

wird sichergestellt, dass die Summe aller Zugehörigkeiten für jedes Datentupel gleich Eins ist (probabilistische Einteilung). Mit der zusätzlichen Nebenbedingung

$$\sum_{n=1}^{N} \mu_{B_c}[n] > 0, \text{ für alle } c = 1, \ldots, m_y \qquad (A.4)$$

werden leere Cluster verhindert. Die Lösung der Optimierungsaufgabe ist nicht geschlossen möglich, sondern muss iterativ durch wechselseitiges Lösen reduzierter Probleme erfolgen. Mit dem Fuzzifier q können „harte" ($q \rightarrow 1$) bzw. „weiche" ($q \rightarrow \infty$) Zugehörigkeiten eingestellt werden. In der vorliegenden Arbeit wurde der üblich Wert $q = 2$ genutzt. Die Clusteranzahl m_y kann bei dem Verfahren vorgegeben werden.

Die Güte einer Clusterung kann durch Clusterbewertungsmaße beurteilt werden. Damit ist es möglich, die Auswahl der Clusteranzahl zu optimieren. In der vorliegenden Arbeit wurde der Trennungsgrad (separation) benutzt. Er ist durch

$$Q_{Trenn}(m_y) = \frac{Q_{Cluster}(\hat{\mathbf{y}}, \bar{\mathbf{X}})}{m_y \cdot \min\limits_{n,m=1,\ldots,m_y,n \neq m}(d_c^2(\bar{\mathbf{x}}_n, \bar{\mathbf{x}}_m))}, \tag{A.5}$$

definiert und kann analog auch für $Q_{Fuzzy-Cluster}(\boldsymbol{\mu}_{\mathbf{y}}, \bar{\mathbf{X}})$ berechnet werden. Die Formel realisiert eine Bestrafung von einer zu kleinen Distanz zwischen den beiden am nächsten benachbarten Clustern. Der beste Trennungsgrad wird im ersten lokalen Minimum erzielt, wobei die Werte mit steigender Clusteranzahl weiter sinken.

B Messsystem für mehrdimensionale Großsignal-Belastung

B.1 Geräteliste

Der prototypische Aufbau am IKTS verwendet folgende Geräte:

GERÄT	VERWENDETES GERÄT	BEMERKUNGEN
Klimaschrank	ESPEC PR-2KPH	mit Durchführung für Kabel
Signalquelle AC	Agilent 33220A	
Signalquelle DC	Agilent 33220A	
HV-Verstärker	Trek 50/750	
PC-Messsystem	PC mit Messkarte AddiData APCI-3120	Messung 2 Kanäle mit je 20 kHz
$\pm 12\,$V Quelle	Statron 2225	Versorgungsspannung OPV
OPTIONAL		
Oszilloskop	Agilent DSO3102A	eventl. für Inbetriebnahme benötigt

B.2 Messschaltung

B.2.1 Schaltplan

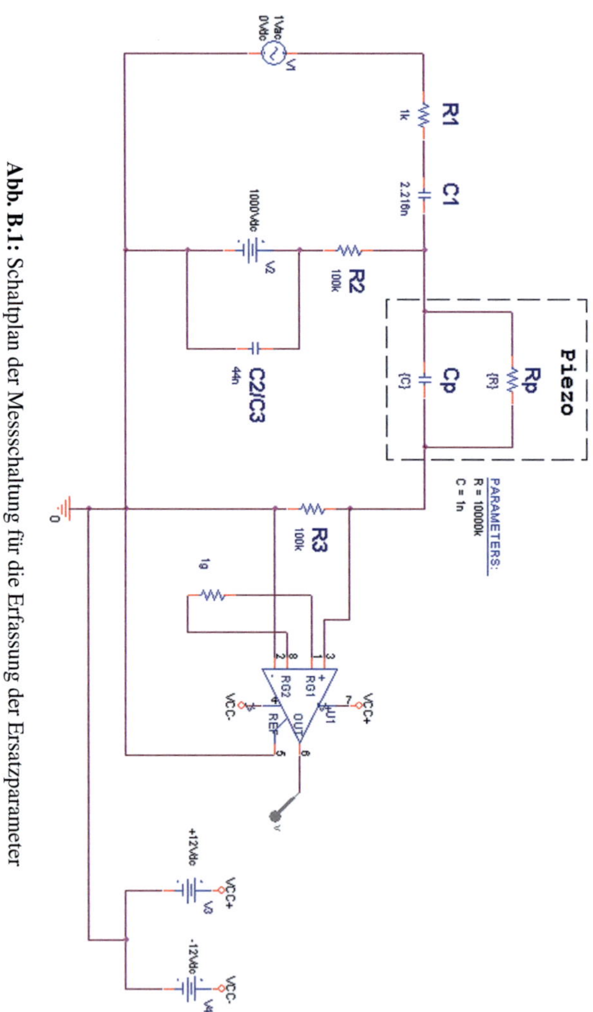

Abb. B.1: Schaltplan der Messschaltung für die Erfassung der Ersatzparameter

B.2.2 Bestückungsliste

Die im Schaltplan aufgeführten Bauelemente wurden wie folgt bestückt:

NAME	BEMESSUNGSWERT	LIEFERANT&BESTELLNUMMER
R1	1 k	RS
R2, R3	Widerstand 100 k, 3 W	Tyco Electronics ROX3SJ100K
C1	2200 pF, 6 kV	Panasonic ECKD3J222MDU
C2, C3	Kondensator 22 nF	Vishay HAX223
Stecker Out-Gnd-Sinus	Steckverbinder 3-polig	Conrad
Stecker±12 V	Steckverbinder 3-polig	Conrad
HV-in	BNC-Buchse	RS: 512-1180
1 kHz Signal-in	BNC-Buchse	RS: 512-1180
DC Signal-in	BNC-Buchse	RS: 512-1180
±12 V in	BNC-Buchse	RS: 512-1180
Signal-out	BNC-Buchse	RS: 512-1180
Gehäuse	Alu-Universalgehäuse	Hammond 1590U
Stiftleiste	Jumper-Pins	RS: 251-8632
Operationsverstärker	AD621	Analog Devices AD621ANZ

B.2.3 Messungen mit Glättungskapazität C_a

Ziel:

Klärung der Frage wie sich eine parallel zum HV-Verstärker geschaltete (Glättungs)-kapazität ($C_a = 44$ nF) auf das Übertragungsverhalten der gesamten Messschaltung auswirkt

Untersuchungsobjekt (DUT):

Kondensatorbank mit diskreten Widerstand von $10\,\mathrm{M\Omega}$ parallel geschalten

Messablauf:

Messzeit = 60 Sekunden, Abtastfrequenz 16 kHz, Auswertung in je 10 Frames

Messwerte:

Mittelwerte über 10 Frames

$C_p[\text{nF}]$	$R_p[\text{M}\Omega]$	$pha[°]$ ohne C_a	$pha[°]$ mit C_a	$mag[\text{V}]$ ohne C_p	$mag[\text{V}]$ mit C_a
0.7	1	84.22	84.21	5.00	5.01
1.7	1	73.64	73.63	7.87	7.88
2.7	1	67.00	67.01	9.03	9.04

Die Standardabweichung von pha wurde im einzelnen Frame zwischen 0.43 bis 0.51 und für max bzw. min mit 0.02 bis 0.04 bestimmt.

Ergebnis:

Ein $C_a = 44\,\text{nF}$ hat keinen relevanten Einfluss auf das Übertragungsverhalten der Messschaltung.

B.3 Messschaltung mit Abschaltung

B.3.1 Schaltplan

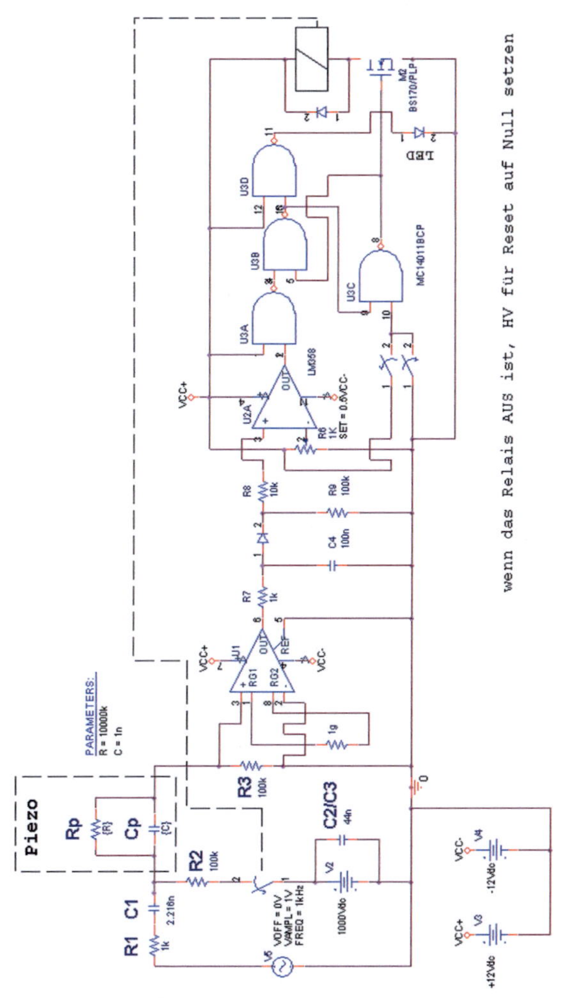

Abb. B.2: Schaltplan der Messschaltung mit Abschaltung

B.3.2 Bestückungsliste

Die im Schaltplan aufgeführten Bauelemente wurden wie folgt bestückt:

Name	Bemessungswert	Lieferant&Bestellnummer
R1, R6, R7	1 k	RS
R8	10 k	RS
R9	100 k	RS
R2, R3	Widerstand 100 k, 3 W	Tyco Electronics ROX3SJ100K
C4	100 nF	RS
C1	2200 pF, 6 kV	Panasonic ECKD3J222MDU
C2, C3	Kondensator 22 nF	Vishay HAX223
Stecker Out-Gnd-Sinus	Steckverbinder 3-polig	Conrad
Stecker±12 V	Steckverbinder 3-polig	Conrad
HV-in	BNC-Buchse	RS: 512-1180
1 kHz Signal-in	BNC-Buchse	RS: 512-1180
DC Signal-in	BNC-Buchse	RS: 512-1180
±12 V in	BNC-Buchse	RS: 512-1180
Signal-out	BNC-Buchse	RS: 512-1180
Reset-Schalter	Kippschalter 1-polig	RS: 394-459
Relais	Hochspannungs-Reedrelais Typ Günther 3392 1280	Bürklin 30g480
Gehäuse	Alu-Universalgehäuse	Hammond 1590U
Operationsverstärker	AD621	Analog Devices AD621ANZ
Operationsverstärker	LM358N	National Semiconductor LM358N/NOPB
Logikbaustein	NAND-Gatter MC14011BCP	ON Semiconductor MC14011BCPG
Transistor	BS170	ON Semiconductor BS170G
Diode	PH 1N 4448	NXP 1N4448
Leuchtdiode	LED 5 mm grün	Kingbright L7113SGD-LC27SF1.5
Stiftleiste	Jumper-Pins	RS W81136T3825RC

B.3.3 Bauelemente Modellproben

Die folgende Liste benennt die für die Bestimmung der Messgenauigkeit an Modellproben verwendeten elektrischen Bauelemente:

NAME	BEMESSUNGSWERT	LIEFERANT&BESTELLNUMMER
Widerstand 100 MΩ	15 kV-DC	Tyco Electronics HB3100MFZRE
Widerstand 330 MΩ	15 kV-DC	Tyco Electronics HB3330MFZRE
Widerstand 500 MΩ	15 kV-DC	Tyco Electronics HB3500MFZRE
Widerstand 1 GΩ	15 kV-DC	Tyco Electronics HB31G0FZRE

B.4 Vollständige Berechnung der Übertragungsfunktion

Ziel:

Berechnung von mag, pha und Rückrechnung auf C_p, R_p

Gegeben:

R_1, R_2, R_3, Z_{C1}

Messgrößen:

Amplitude $\left| \frac{U_{R_3}}{U_{AC}} \right|$, Phasenwinkel Φ

Gesucht:

R_p, C_p

Es gilt:

$$\frac{U_{R_2}}{U_{AC}} = \frac{R_2 \parallel (Z_p + R_3)}{(R_1 + Z_{C1}) + R_2 \parallel (Z_p + R_3)}$$

$$\frac{U_{R_3}}{U_{R_2}} = \frac{R_3}{R_3 + Z_p}$$

Und somit ergibt sich die gemessene Amplitude aus:

$$\frac{U_{R_3}}{U_{AC}} = \frac{R_2 \parallel (Z_p + R_3)}{(R_1 + Z_{C1}) + R_2 \parallel (Z_p + R_3)} \cdot \frac{R_3}{R_3 + Z_p}$$

$$= \frac{\frac{R_2(Z_p + R_3)}{R_2 + Z_p + R_3}}{R_1 + Z_{C1} + \frac{R_2(Z_p + R_3)}{R_2 + Z_p + R_3}} \cdot \frac{R_3}{R_3 + Z_p}$$

$$= \frac{R_2 R_3}{R_2(Z_p + R_3) + (R_1 + Z_{C1})(R_2 + Z_p + R_3)}$$

$$= \frac{R_2 R_3}{R_2 Z_p + R_2 R_3 + R_1 R_2 + R_1 Z_p + R_1 R_3 + R_2 Z_{C1} + R_3 Z_{C1} + Z_{C1} Z_p}$$

$$= \frac{R_2 R_3}{\frac{R_2 R_p}{1 + sC_p R_p} + R_2 R_3 + R_1 R_2 + \frac{R_1 R_p}{1 + sC_p R_p} + R_1 R_3 + \frac{R_2}{sC_1} + \frac{R_3}{sC_1} + \frac{R_p}{sC_1(1 + sC_p R_p)}}$$

$$= \frac{sC_1(1 + sC_p R_p)R_2 R_3}{sC_1 R_2 R_p + sC_1(1 + sC_p R_p)(R_1 R_2 + R_2 R_3 + R_1 R_3) + sC_1 R_1 R_p + (R_3 + R_2)(1 + sC_p R_p) + R_p}$$

$$= \frac{sC_1 R_2 R_3 + s^2 C_1 C_p R_p R_2 R_3}{R_2 + R_3 + R_p + s(C_1 R_2 R_p + C_1(R_1 R_2 + R_2 R_3 + R_1 R_3) + C_1 R_1 R_p + C_p R_p(R_2 + R_3)) + s^2(C_1 C_p R_p(R_1 R_2 + R_2 R_3 + R_1 R_3))}$$

$$= \frac{-\omega^2 C_1 C_p R_p R_2 R_3 + i\omega C_1 R_2 R_3}{-\omega^2 C_1 C_p R_p(R_1 R_2 + R_2 R_3 + R_1 R_3) + R_2 + R_3 + R_p + i\omega(C_1(R_1 R_2 + R_2 R_3 + R_1 R_3 + R_1 R_p + R_2 R_p) + C_p R_p(R_2 + R_3))}$$

Nach konjungiert komplexer Erweiterung von

$$\frac{U_{R_3}}{U_{AC}} = \frac{z_1}{z_2} = \frac{a_1 + ib_1}{a_2 + ib_2} = \frac{a_1 a_2 + b_1 b_2}{a_2^2 + b_2^2} + i\frac{a_2 b_1 - a_1 b_2}{a_2^2 + b_2^2} = a + ib$$

resultiert

$$\frac{U_{R_3}}{U_{AC}} = a + ib$$

mit

$$a = \frac{\omega^2 C_1 C_p R_p R_2 R_3 \left(\omega^2 C_1 C_p R_p (R_1 R_2 + R_2 R_3 + R_1 R_3) - R_2 - R_3 - R_p\right)}{\left(-\omega^2 C_1 C_p R_p (R_1 R_2 + R_2 R_3 + R_1 R_3) + R_2 + R_3 + R_p\right)^2 + \left(\omega C_1 (R_1 R_2 + R_2 R_3 + R_1 R_3 + R_1 R_p + R_2 R_p) + \omega C_p R_p (R_2 + R_3)\right)^2} +$$

$$+ \frac{\omega^2 C_1 R_2 R_3 \left(C_1 (R_1 R_2 + R_2 R_3 + R_1 R_3 + R_1 R_p + R_2 R_p) + C_p R_p (R_2 + R_3)\right)}{\left(-\omega^2 C_1 C_p R_p (R_1 R_2 + R_2 R_3 + R_1 R_3) + R_2 + R_3 + R_p\right)^2 + \left(\omega C_1 (R_1 R_2 + R_2 R_3 + R_1 R_3 + R_1 R_p + R_2 R_p) + \omega C_p R_p (R_2 + R_3)\right)^2}$$

$$b =$$

$$\frac{-\omega C_1 R_2 R_3 (\omega^2 C_1 C_p R_p (R_1 R_2 + R_2 R_3 + R_1 R_3) - R_2 - R_3 - R_p)}{(-\omega^2 C_1 C_p R_p (R_1 R_2 + R_2 R_3 + R_1 R_3) + R_2 + R_3 + R_p))^2 + (\omega C_1 (R_1 R_2 + R_2 R_3 + R_1 R_3 + R_1 R_p + R_2 R_p) + \omega C_p R_p (R_2 + R_3))^2} +$$

$$+ \frac{\omega^3 C_1 R_2 R_3 C_p R_p (C_1 (R_1 R_2 + R_2 R_3 + R_1 R_3 + R_1 R_p + R_2 R_p) + C_p R_p (R_2 + R_3))}{(-\omega^2 C_1 C_p R_p (R_1 R_2 + R_2 R_3 + R_1 R_3) + R_2 + R_3 + R_p))^2 + (\omega C_1 (R_1 R_2 + R_2 R_3 + R_1 R_3 + R_1 R_p + R_2 R_p) + \omega C_p R_p (R_2 + R_3))^2}$$

Nun lassen sich R_p und C_p aus

$$\left| \frac{U_{R_3}}{U_{AC}} \right| = \sqrt{a^2 + b^2}$$

$$\Phi = \arctan \frac{b}{a}$$

numerisch bestimmen.

B.5 Artefakte

B.5.1 Histogrammbasiertes Verfahren

Das für die Voruntersuchungen gewählte statistische Verfahren ist das Histogramm. Das Histogramm gibt die Häufigkeitsverteilung der Amplitudenwerte des Messsignals an. Dabei werden die Messwerte nach Amplitudenintervallen ausgewertet. Zur Erkennung von Artefakten wurde der in Abbildung B.3 gezeigte Algorithmus neu entwickelt.

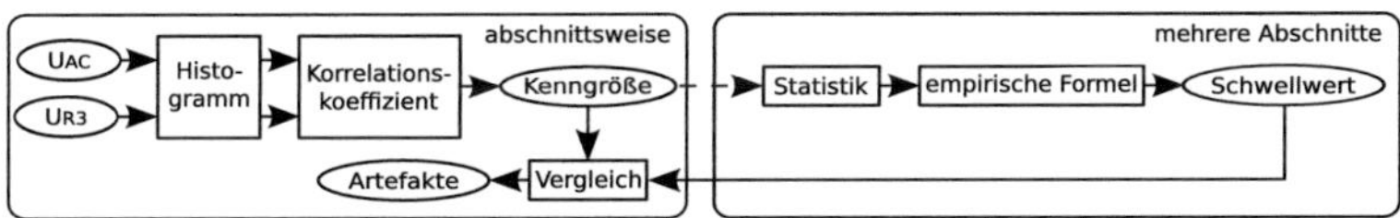

Abb. B.3: Aufbau des zweiteiligen Algorithmus zur Erkennung von Artefakten mit Histogramm-Auswertung. Die Auswertung erfolgt abschnittsweise, wobei der Schwellwert über mehrere Abschnitte berechnet wird.

Der Algorithmus unterteilt das Signal in N Abschnitte und erstellt jeweils ein Histogramm von den Signalen U_{AC} und U_{R_3}. Anschließend wird der Korrelationskoeffizient K_n zwischen den beiden Histogrammen bestimmt. Der ermittelte Wert dient als Kenngröße für jeden Abschnitt n und gibt die Übereinstimmung zwischen dem störungsfrei angenommenen Signal U_{AC} und dem potentiell artefaktbehafteten Signal U_{R_3} an. Die Berechnung des Schwellwertes S_H zwischen diesen beiden Signalqualitäten erfolgt mit der empirischen Formel

$$S_H = \frac{1}{N} \sum_{n=1}^{N} K_n - f_H \cdot \sqrt{\frac{1}{N} \cdot \sum_{n=1}^{N} (K_n - \frac{1}{N} \sum_{n=1}^{N} K_n)^2} \tag{B.1}$$

Der erste Term bestimmt den Mittelwert, der zweite die Standardabweichung aller Korrelationskoeffizienten K_n der Abschnitte. Ein Artefakt in einem Abschnitt liegt vor, wenn das jeweilige K_n den Schwellwert unterschreitet. Zur Abstimmung der Erkennungsgrenze wird der Faktor f_H benutzt. Neben dem Faktor bietet das Verfahren die Parameter Abschnittslänge und Größe der Amplitudenintervalle, mit denen die Erkennung von Artefakten beeinflusst werden kann. Die Abschnittslänge bestimmt die zeitliche Auflösung der Artefakterkennung. Die Amplitudenintervalle haben Einfluss auf die Amplitudenauflösung der Erkennung. Die Tabelle B.1 führt die Vor- und Nachteile des Algorithmus auf.

VORTEILE	NACHTEILE
weitestgehend unabhängig von der "Form" des Artefakts	nur abschnittsweise Erkennung möglich
Verwendung von "Referenz-Messdaten" für die Schwellwertberechnung möglich	Erkennung gleichmäßig im Signal verteilter Artefakte auf Grund der statistischen Schwellwertberechnung nicht möglich
Einbeziehung des Eingangssignals als Referenz in die Berechnung	Mindestlänge für Messsignal, da mehrere Abschnitte benötigt werden

Tab. B.1: Eigenschaften des histogrammbasierten Verfahrens zur Erkennung von Artefakten im Messsignal

Zusammenfassend muss festgestellt werden, dass das Verfahren in der Lage ist Artefakte zu erkennen. Die Einstellung der Erkennungsgrenze ist aber in der Praxis schwierig. Die gegenseitige Abhängigkeit zwischen Schwellwert und Vorhandensein bzw. Verteilung von Artefakten im Signal sowie das in realen Messsignalen vorhandene Rauschen macht das Verfahren wenig robust. Die Sensitivität des Verfahrens bezogen auf Artefakte, die aus einzelnen Messwerten bestehen, ist gering. Hinzu kommt der generische Nachteil, dass die Artefakterkennung nur abschnittsweise möglich ist.

B.5.2 Beispielsignale

Die folgenden drei Abbildungen stellen Beispielsignale mit jeweils einem Artefakt dar. Des Weiteren ist in den Diagrammen der zur Erkennung genutzte Schwellwert und das zweifach mit Sobel gefilterte Signal abgebildet. Zur Erstellung wurde der in Abschnitt 3.3.1 beschriebene Algorithmus benutzt. Die bei der Analyse verwendete Abschnittslänge beträgt 65535 Abtastpunkte bei einer Abtastfrequenz von $16kHz$.

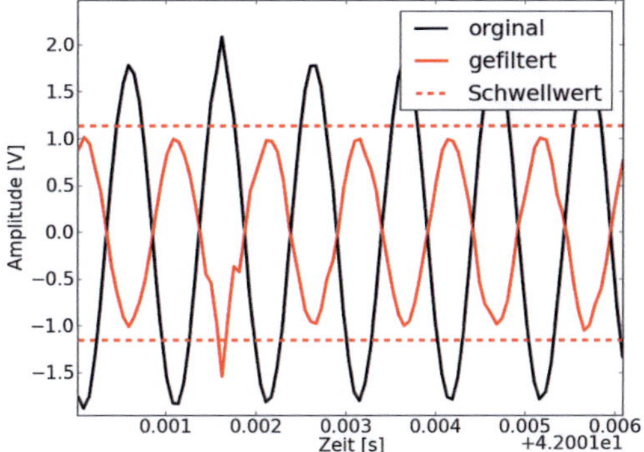

Abb. B.4: Messsignal mit einem Artefakt vom Typ A sowie das zur Detektion genutzte Filtersignal und die dazugehörigen Schwellwerte. Die Abweichung im Maximum beträgt die fünffache Standardabweichung.

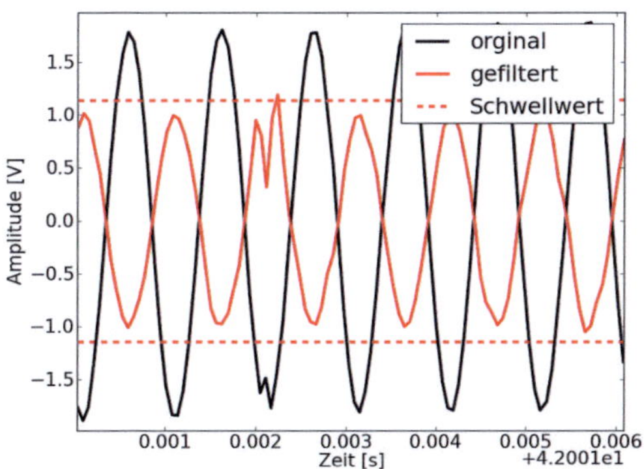

Abb. B.5: Messsignal mit einem Artefakt vom Typ B sowie das zur Detektion genutzte Filtersignal und die dazugehörigen Schwellwerte. Die Abweichung im Minimum beträgt die siebenfache Standardabweichung.

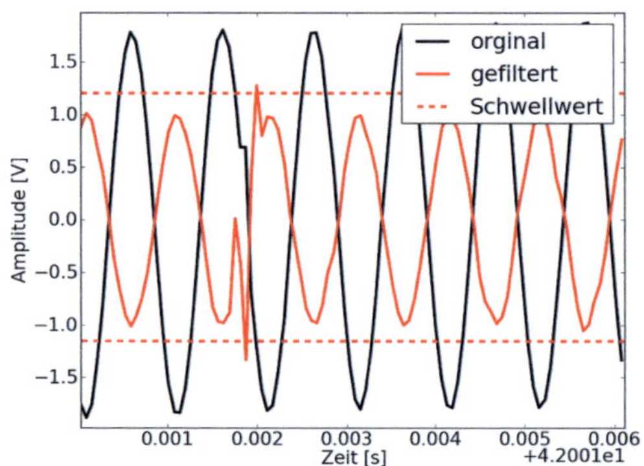

Abb. B.6: Messsignal mit einem Artefakt vom Typ C sowie das zur Detektion genutzte Filtersignal und die dazugehörigen Schwellwerte. Der an der Nullstelle erwartete Messwert ist gleich dem Wert des vorhergehenden Messwertes.

B.6 Weitere Messergebnisse: Vergleich Modell-Experiment

Messung mit $R_p = 1\,\text{M}\Omega$

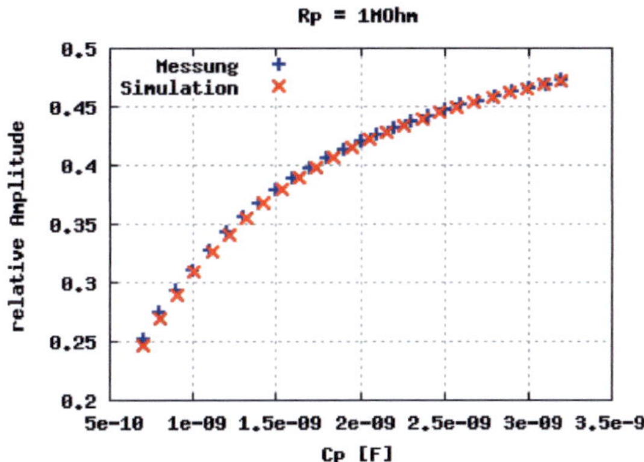

Abb. B.7: Vergleich der Amplitude von Messung und Modell über Variation von C_p bei $R_p = 1\,\text{M}\Omega$

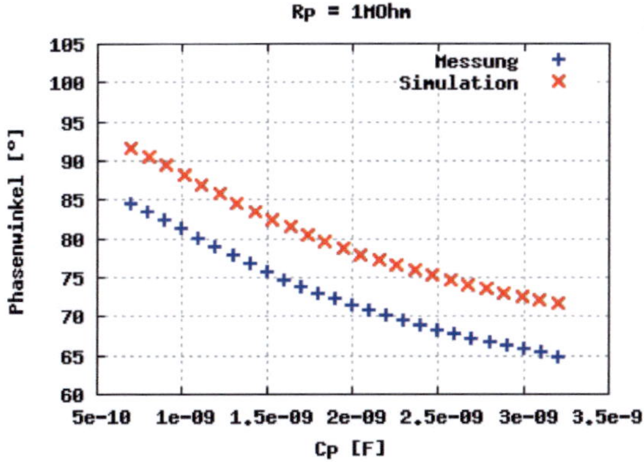

Abb. B.8: Vergleich der Phase von Messung und Modell über Variation von C_p bei $R_p = 1\,\text{M}\Omega$

Messung mit $R_p = 6\,\mathrm{M\Omega}$

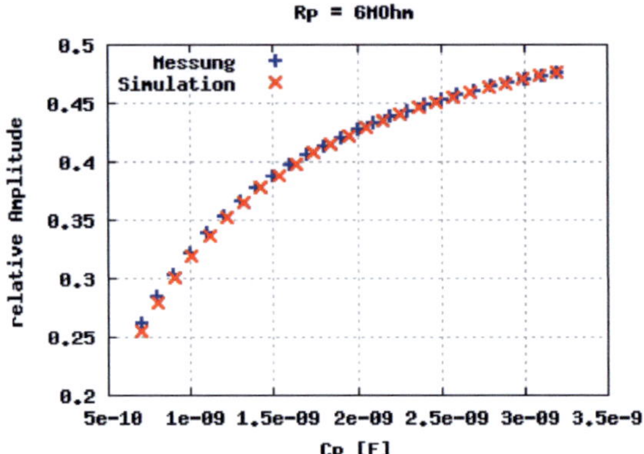

Abb. B.9: Vergleich der Amplitude von Messung und Modell über Variation von C_p bei $R_p = 6\,\mathrm{M\Omega}$

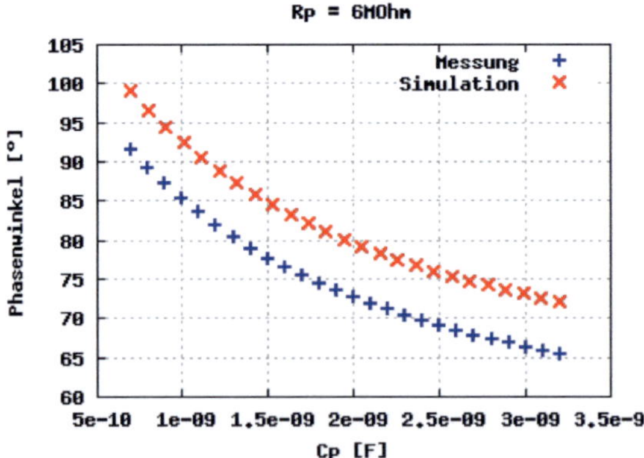

Abb. B.10: Vergleich der Phase von Messung und Modell über Variation von C_p bei $R_p = 6\,\mathrm{M\Omega}$

C Prototypische Realisierung

C.1 Datenbasis

Die für das Anwendungsbeispiel der neuen Methodik in Kapitel 5 verwendete Datenbasis wird im Folgenden als bauteilspezifische Zeitachse in Graphenform dargestellt. Es werden drei Aktorelemente vorgestellt. Im Anschluss ist der Graph des Herstellungsprozesses für die prototypische Realisierung abgedruckt.

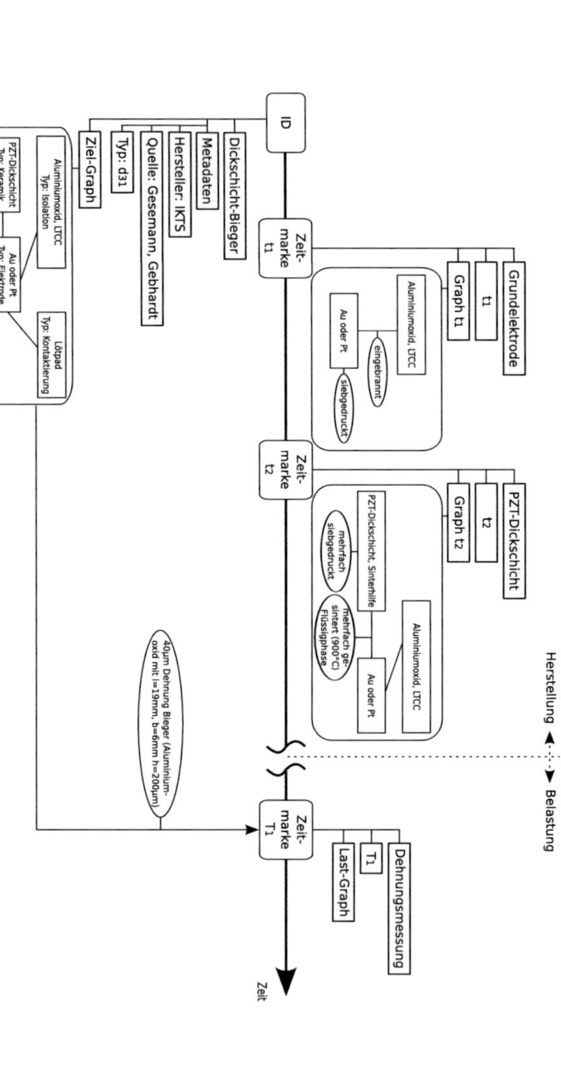

Abb. C.1: Die Darstellung zeigt auszugsweise den Lebenszyklus eines Dickschicht-Biegers auf Aluminium bzw. LTCC-Substrat als Graph nach [189], [71], [19]

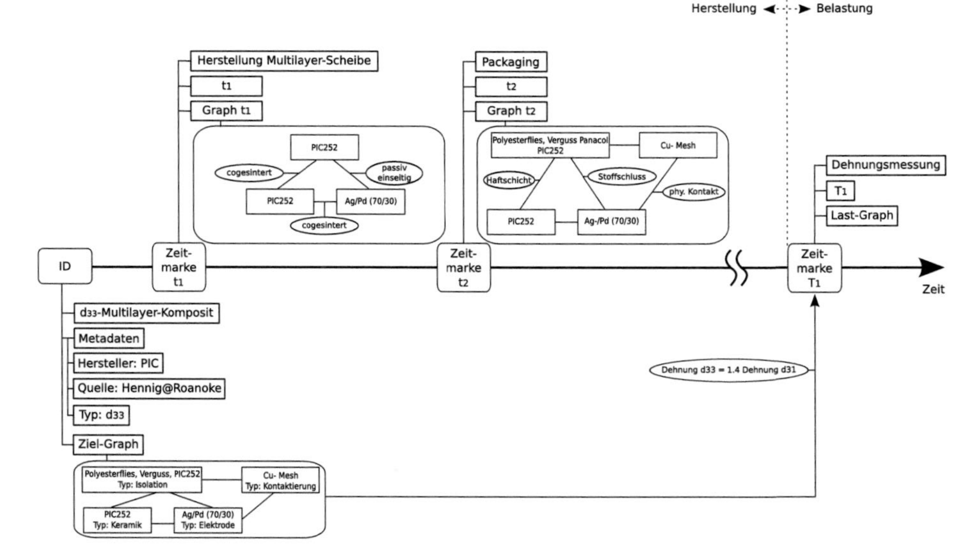

Abb. C.2: Die Abbildung zeigt die Datenstruktur eines d_{33}-Multilayer-Komposites nach [88]. Aufgetragen ist der Herstellungsprozess und das Ergebnis der Dehnungsmessung.

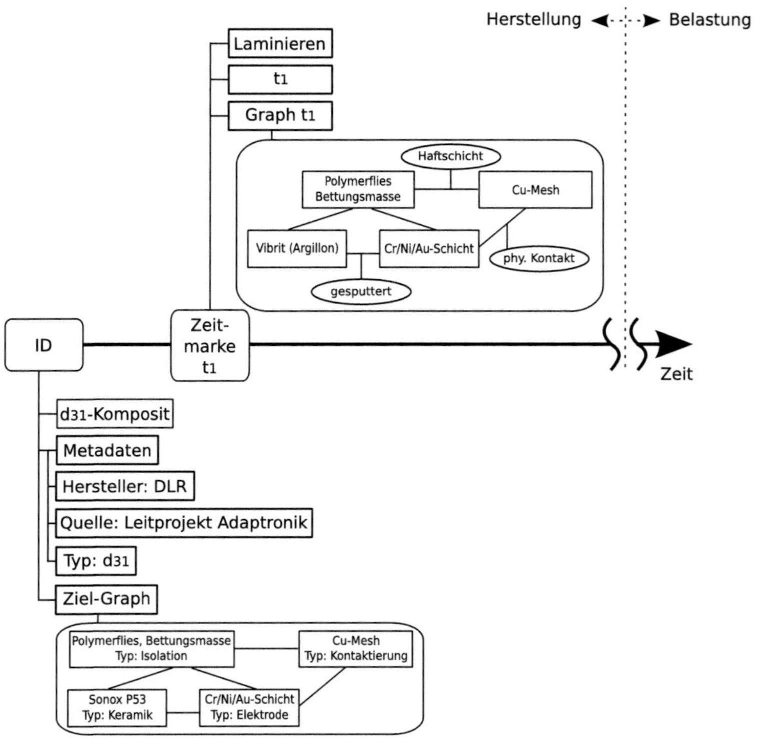

Abb. C.3: Vereinfachte Abbildung des Herstellungsprozesses eines d_{31}-Komposit-Aktors nach [227]

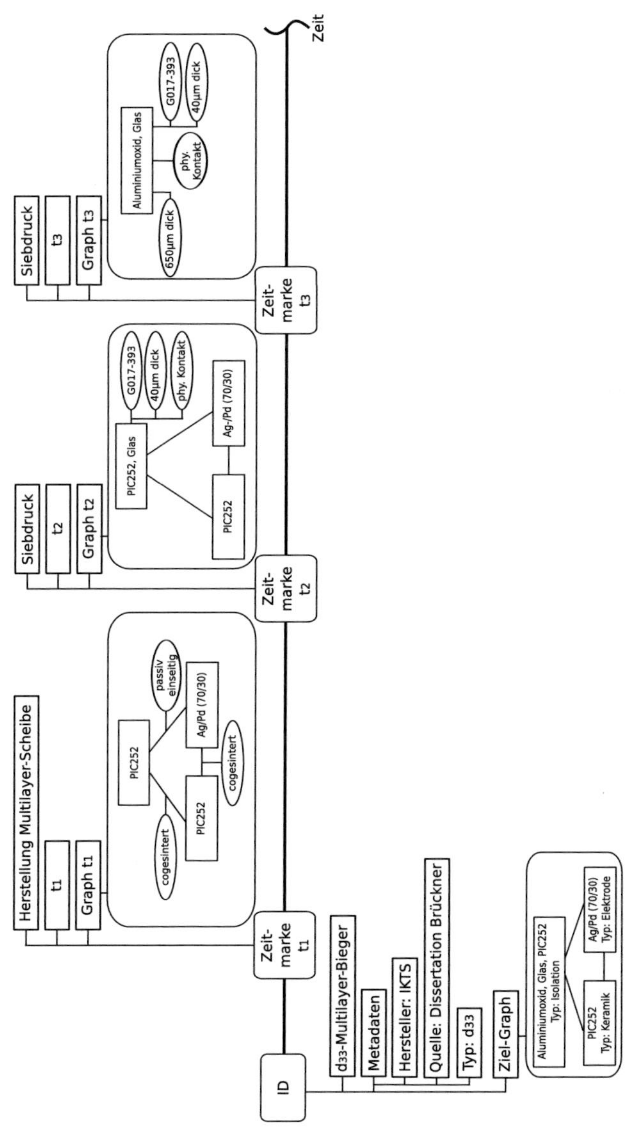

Abb. C.4: Prozessschritte der Glasfügung von d_{33}-Aktorscheibe und Substrat (Aluminiumoxid).

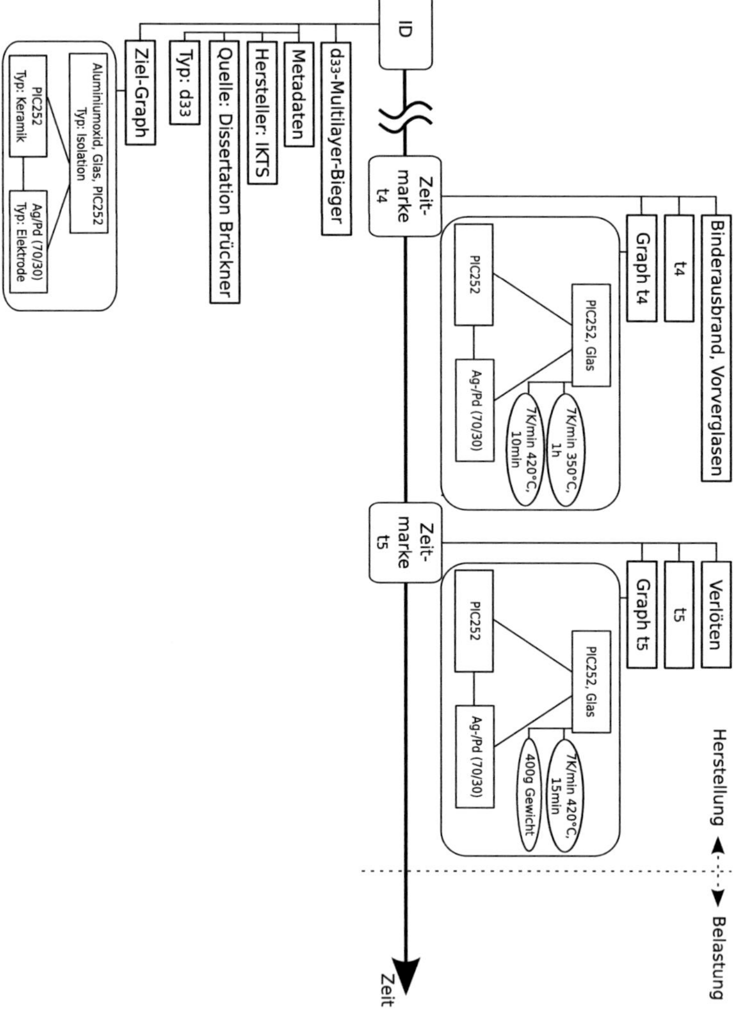

Abb. C.5: Prozessschritte der Glasfügung von d_{33}-Aktorscheibe und Substrat (Aluminiumoxid).

C.2 Geometrie und Materialdaten

Die folgende Tabelle führt Geometrie und Materialdaten für den technologischen Ausgangspunkt und das neue Biegeelement mit d_{33}-Aktorscheibe vergleichend auf.

KENNWERT	TECHNOLOGISCHER AUSGANGSPUNKT [19]	BIEGER MIT d_{33}-AKTORSCHEIBE
SUBSTRAT		
Material	LTCC	Aluminiumoxid
Dicke	$220\,\mu$m	$650\,\mu$m
Breite	6 mm	13 mm
E-Modul	60 GPa	380 GPa
Biegesteifigkeit (analytische Rechnung)	0.00032 N/^{2}m	0.11305 N/^{2}m
AKTOR		
Typ	d_{31}-Einzelschicht	d_{33}-Multilayer
Höhe	$100\,\mu$m	$900\,\mu$m
aktive Länge	19 mm	19 mm
aktive Breite	5 mm	5 mm

Tab. C.1: Geometrie und Materialdaten für den technologischen Ausgangspunkt (Dickschichtbieger auf LTCC-Substrat) und für das Biegeelement mit d_{33}-Aktorscheibe

Literaturverzeichnis

[1] AKESSON; HENRIK; ET AL.: Active Boring Bar Prototype Tested in Industry. In: *Adaptronic Congress*, S. 163–169, Göttingen, 2006.

[2] ALGUERO, M.; CHENG, B.; GUIU, F.; REECE, M.; POOLE, M.; ALFORD, N.: Degradation of the d_{33} Piezoelectric Coefficient for PZT Ceramics under Static and Cyclic Compressive Loading. *Journal of the European Ceramic Society* 21 (2001), S. 1437–1440.

[3] ANDERSEN, B.; JENSEN, F.; OUCHOUCHE, S.: Reliability of Piezoelectric Actuators at Extreme Operating Conditions. *9th International Conference on New Actuators, Bremen, 2004* .

[4] ANDRESEN, R. P.: 5Spice Analysis Software. White Paper http://www.5spice. com/whtpaper.htm, 10. Oktober 2011.

[5] ANTEBOTH, S.: *Simulation des elektromechanischen Verhaltens von PZT mit realer Domänenstruktur.* Dissertation, Fachbereich Maschinenbau, Universität Kassel, 2007.

[6] BALKE, N.: *Ermüdung von $Pb(Zr,Ti)O_3$ für unterschiedliche elektrische Belastungsformen.* Dissertation, Fachbereich Material- und Geowissenschaften, Technische Universität Darmstadt, 2006.

[7] BALKE, N.; LUPASCU, D. C.; GRANZOW, T.; RÖDEL, J.: Fatigue of Lead Zirconate Titanate Ceramics. I: Unipolar and DC Loading. *Journal of the American Ceramic Society* 90 (2007) 4, S. 1081–1087.

[8] BAUMGARTEN, B.: *Petri-Netze: Grundlagen und Anwendung.* Mannheim: Wissenschaftsverlag, 1990.

[9] BECKERT, W.; KREHER, W. S.: Modelling Piezoelectric Modules with Interdigitated Electrode Structures. *Computational Materials Science* 26 (2003), S. 36–45.

[10] BERMEJO, R.; GRÜNBICHLER, H.; KREITH, J.; AUER, C.: Fracture Resistance of a Doped PZT Ceramic for Multilayer Piezoelectric Actuators: Effect of Mechanical Load and Temperature. *Journal of the European Ceramic Society* 30 (2010) 3, S. 705–712.

[11] BIANCHI, E.; DOZIO, L.: Some Experience in Fast Hard-Real Time Control in User Space with RTAI-LXRT. *2nd RTL Workshop,1997* .

[12] BIRCHMEIER, M.: *Characterization and Application of Active Fiber Composites.* Dissertation, ETH Zürich, 2009.

[13] BIROL, H.; DAMJANOVIC, D.; SETTER, N.: Preparation and Characterization of $(K_{0.5}Na_{0.5})NbO_3$ Ceramics. *Journal of the European Ceramic Society* 26 (2006) 6, S. 861–866.

[14] BOCK, H. H.: *Automatische Klassifikation*, Bd. 24 von *Studia Mathematica*. Göttingen: Vandenhoeck & Ruprecht, 1974.

[15] BOCKLISCH, S. F.: *Prozeßanalyse mit unscharfen Verfahren*. Berlin: VEB Verlag Technik, 1 Aufl., 1987.

[16] BOGGS, S. A.: Partial Discharge - Part III: Cavity-Induced PD in Solid Dielectrics. *IEEE Electrical Insulation Magazine* 6 (1990) 6, S. 11–20.

[17] BOGGS, S. A.: Partial Discharge: Overview and Signal Generation. *IEEE Electrical Insulation Magazine* 6 (1990) 4, S. 33–39.

[18] BOLDYREVA, K.: *Wachstum und Struktur-Eigenschafts-Beziehungen von epitaktischen antiferroelektrisch/ferroelektrischen oxidischen Multilagen*. Dissertation, Naturwissenschaftliche Fakultät II, Martin-Luther-Universität Halle-Wittenberg, 2008.

[19] BRAMLAGE, B.; GEBHARDT, S.: Development of PZT Thick Film Actuators for Active Micro-Optics. *12th International Conference on New Actuators, Bremen, 2010* .

[20] BRÜCKNER, B.: Prüfsystem für Module und Strukturen mit integrierten piezokeramischen Aktoren unter hoher elektrischer Gleichlast. *3. Tagung DVM-Arbeitskreis: Zuverlässigkeit mechatronischer und adaptronischer Systeme, Darmstadt, 2010* .

[21] BRÜCKNER, B.; FREYTAG, C.; SCHÖNECKER, A.: Element for the Transmission of Forces. WO2007104299, patent, 13.03.2006.

[22] BRÜCKNER, B.; GERLACH, G.; WINKLER, A.; HU, W.; HUFENBACH, W. A.; MICHAELIS, A.; MODLER, N.; SCHÖNECKER, A. J.; SUCHANECK, G.: Novel Approaches for the Determination of the Process Specific Polarization of Piezoceramic Modules Embedded in Thermoplastic Composites. In: *3rd Scientific Symposium - Integration of Active Functions into Structural Components* (REIMUND NEUGEBAUER, Hg.), S. 91–96, Chemnitz, Germany, 2011.

[23] BRÜCKNER, B.; PETRAK, A.: Holding Device for tools for separative and/or metal-cutting Machining. EP1979130, patentanmeldung, 01.04.2006.

[24] BRÜCKNER, B.; RÖDIG, T.; SCHÖNECKER, A.: Einspannung in der ein mechanisches Element gehalten ist. EP1711723, patentanmeldung, 30.01.2004.

[25] BRÜCKNER, B.; SCHMITT-WALTER, S.; RÖDIG, T.; GEBHARDT, S.; SEFFNER, L.: Pressure Sensor. WO2006136182, patentanmeldung, 20.06.2005.

[26] BRÜCKNER, B.; SCHÖNECKER, A.: Zustandsüberwachung piezoelektrischer Aktoren durch Auswertung des elektrischen Ansteuersignals. In: *DVM Bericht 902* (HANSELKA, H., Hg.), Kap. Technische Sicherheit, Zuverlässigkeit und Lebensdauer, S. 129–138, Berlin, Germany: Deutscher Verband für Materialforschung und -prüfung e.V., 2008.

[27] BRÜCKNER, B.; SCHÖNECKER, A.; KAUFMANN, M.; BRETTHAUER, G.: New Approach to Vibration Control using Piezo-ceramic Elements. In: *Mechatronics and Robotics (MECHROB)*, S. 46–50, Aachen, Germany, 2004.

[28] BRÜCKNER, B.; SCHÖNECKER, A.; KEITEL, U.; SCHEITHAUER, U.: High Throughput Characterization (HTC) for the Development of New Electroceramics. *Piezoceramics for the Endusers IV, Zakopane (Poland), 2009* .

[29] BRÜCKNER, B.; SCHUH, C.; SCHÖNECKER, A.; GEBHARDT, S.; RADANIE-LINA, M.; STEINKOPFF, T.: Fully Active Piezo Actuator and Method for the Production thereof. WO2007137950, patentanmeldung, 31.05.2006.

[30] BRÜCKNER, B.; SEFFNER, L.; HÄHNE, L.: Condition Monitoring of Piezoelectric Devices. *ISPA, Dresden, 2007* .

[31] BUCHANAN, R. C. (Hg.): *Ceramic Materials for Electronics*. Marcel Dekker, 3rd Aufl., 2004.

[32] BUNDESMINISTERIUM FÜR BILDUNG UND FORSCHUNG (BMBF): DelLead - Bleifreie Piezokeramiken für die Aktorik. Förderkennzeichen: 03X4002, laufzeit: 01.10.2005 bis 31.03.2007.

[33] BUNDESMINISTERIUM FÜR BILDUNG UND FORSCHUNG (BMBF): RealMAK - Realisierung eines leistungsfähigen bleifreien Vielschicht-Piezoaktors über einen mehrskaligen Entwicklungsansatz. Förderkennzeichen: 03X4007, laufzeit: 01.02.2008 bis 31.01.2011.

[34] CADENCE DESIGN SYSTEMS INC.: Products and Solutions. http://www.cadence.com/products/Pages/default.aspx, 10. Oktober 2011.

[35] CARDIN, A.: *High Throughput Method for the Development of Bulk Lead Free Piezoelectric Ceramics*. Dissertation, Naturwissenschaftlich-Technische Fakultät III Chemie, Pharmazie und Werkstoffwissenschaften, Universität des Saarlandes, 2009.

[36] CARUTHERS, J.; LAUTERBACH, M.; THOMSON, K.: Catalyst Design: Knowledge Extraction from High-Throughput Experimentation. *Journal of Catalysis* 216 (2003) 1-2, S. 98–109.

[37] CHAN, K. W.: Active-Passive Hybrid Piezoelectric Actuators for High-Precision Hard Disk Drive Servo Systems. In: *SPIE - Smart Structures and Materials, Vol. 6173*, S. 617303–1 – 617303–10, 2006.

[38] CHANG, R.; CHU, S.; LIN, Y.; HONG, C.; WONG, Y.: An Investigation of $(Na_{0.5}K_{0.5})NbO_3-CaTiO_3$ Based Lead-Free Ceramics and Surface Acoustic Wa-

ve Devices. *Journal of the European Ceramic Society* 27 (2007) 16, S. 4453–4460.

[39] CHAPLYA, P. M.; MITROVIC, M.; CARMAN, G. P.; STRAUB, F. K.: Durability Properties of Piezoelectric Stack Actuators under Combined Electromechanical Loading. *Journal of Applied Physics* 100 (2006) 12, S. 124111-1 – 124111-13.

[40] CHUDOBA, R.: Technical Information System for Collaborative Material Research. *Advances in Engineering Software* 35 (2004) 10-11, S. 747–756.

[41] COLVIN, R.; GRUNSKE, L.; WINTER, K.: Timed Behavior Trees for Failure Mode and Effects Analysis of time-critical systems. *Journal of Systems and Software* 81 (2008) 12, S. 2163–2182.

[42] DA COSTA RODRIGUES, G. M.: *Adaptive Optics With Segmented Deformable Bimorph Mirrors*. Dissertation, Universite Libre de Bruxelles, Active Structures Laboratory - Department of Mechanical Engineering and Robotics, 2010.

[43] DAMJANOVIC, D.: Contributions to the Piezoelectric Effect in Ferroelectric Single Crystals and Ceramics. *Journal of the American Ceramic Society* 88 (2005) 10, S. 2663–2675.

[44] DAMJANOVIC, D.; DEMARTIN, M.: Contribution of the Irreversible Displacement of Domain Walls to the Piezoelectric Effect in Barium Titanate and Lead Zirconate Titanate Ceramics. *J. Phys.: Condens. Matter* 9 (1997) 23, S. 4943–4953.

[45] DANIELS, J. E.; FINLAYSON, T. R.; STUDER, A. J.; HOFFMAN, M.; JONES, J. L.: Time-Resolved Diffraction Measurements of Electric-Field-Induced Strain in Tetragonal Lead Zirconate Titanate. *Journal of Applied Physics* 101 (2007) 9, S. 094104-1 – 094104-6.

[46] DENZLER, M. P.: *Lebensdauer und Zuverlässigkeit dynamisch betriebener piezokeramischer Biegewandler*. Dissertation, Technische Universität Hamburg-Harburg, Germany, 2003.

[47] DICKERHOF, M.: *Ein neues Konzept für das bedarfsgerechte Informations- und Wissensmanagement in Unternehmenskooperationen der Multimaterial-Mikrosystemtechnik.* Dissertation, Instituts für Angewandte Informatik / Automatisierungstechnik, Universität Karlsruhe (TH), Germany, 2009.

[48] DICKERHOF, M.; GENGENBACH, U.: *Kooperationen flexibel und einfach gestalten: Checklisten - Tipps - Vorlagen.* München: Carl Hanser Verlag, 2006.

[49] DONNELLY, N. J.; RANDALL, C. A.: Refined Model of Electromigration of Ag/Pd Electrodes in Multilayer PZT Ceramics Under Extreme Humidity. *Journal of the American Ceramic Society* 92 (2009) 2, S. 405–410.

[50] DROSSEL, W.-G.; HENSEL, S.; KRANZ, B.; NESTLER, M.; GOESCHEL, A.: Sheet Metal Forming of Piezoceramic–Metal-Laminar Structures - Simulation and Experimental Analysis. *CIRP Annals - Manufacturing Technology* 58 (2009) 1, S. 279–282.

[51] ENDE, D.; BOS, B.; GROEN, W.; DORTMANS, L.: Lifetime of Piezoceramic Multilayer Actuators: Interplay of Material Properties and Actuator Design. *Journal of Electroceramics* 22 (2009) 1-3, S. 163–170.

[52] EU: EU-Directive 2002/96/EC: Waste Electrical and Electronic Equipment (WEEE). *Official Journal of the European Union* 46 (2003) L37, S. 24–28.

[53] EUROPEAN COMMITTEE FOR ELECTROTECHNICAL STANDARDIZATION: EN-50324, Part 1-3: Piezoelectric Properties of Ceramic Materials and Components. `http://www.cenelec.eu`, 10. Oktober 2010.

[54] FARRUSSENG, D.; KLANNER, C.; BAUMES, L.; LENGLIZ, M.; MIRODATOS, C.; SCHÜTH, F.: Design of Discovery Libraries for Solids Based on QSAR Models. *QSAR and Combinatorial Science* 24 (2005) 1, S. 78–93.

[55] FASOLKA, M. J.; AMIS, E. J.: Measures of Success. In: *Combinatorial Materials Science* (NARASIMHAN, B.; MALLAPRAGADA, S. K.; PORTER, M. D., Hg.), S. 1–20, John Wiley & Sons, 2007.

[56] FAYYAD, U.; PIATETSKY-SHAPIRO, G.; SMYTH, P.: From Data Mining to Knowledge Discovery in Databases. *AI Magazine - Fall Issue* (1996), S. 37–54.

[57] FETT, T.; MUNZ, D.; THUN, G.: Dielectric Parameters of a Soft PZT Under Mechanical Loading. *Journal of Materials Science Letters* 21 (2002), S. 849 – 852.

[58] FETT, T.; MUNZ, D.; THUN, G.: Young's Modulus of Soft PZT from Partial Unloading Tests. *Ferroelectrics* 274 (2002), S. 67–81.

[59] FIRMA ADDI DATA GMBH: Technical Description ADDIALOG APCI-3120. 2000.

[60] FIRMA AIXACCT SYSTEMS GMBH: Piezoelectric Evaluation System (aixPES). http://www.aixacct.de/html/prod/mulac_pes.php, 10. Oktober 2011.

[61] FIRMA SCHOTT ELECTRONIC PACKAGING GMBH: Schott Technical Glasses. www.schott.com/epackaging, 10. Oktober 2011.

[62] FLEMING, D.; BARTOLO, L.; FAHRENHOLZ-MANN, S.; MIES, D.; SEYMOUR, C.; KAUFMAN, G.; BEGLEY, E. F.: MatML Version 3.1 (matml31.xsd). http://www.matml.org, 10. Oktober 2011.

[63] FOLKESSON, J.; GOLDENSTEIN, J.; CARBALLIDO-GAMIO, J.; KAZAKIA, G.; BURGHARDT, A. J.; RODRIGUEZ, A.; KRUG, R.; DE PAPP, A. E.; LINK, T. M.; MAJUMDAR, S.: Longitudinal Evaluation of the Effects of Alendronate on MRI Bone Microarchitecture in Postmenopausal Osteopenic Women. *Bone* 48 (2011) 3, S. 611–621.

[64] FRANTZEN, A.; SANDERS, D.; SCHEIDTMANN, J.; SIMON, U.; MAIER, W.: A Flexible Database for Combinatorial and High-Throughput Materials Science. *QSAR and Combinatorial Science* 24 (2005) 1, S. 22–28.

[65] FRAUNHOFER GESELLSCHAFT: MAVO NanoZ, interner Bericht, 2008.

[66] FROST & SULLIVAN LTD.: MEMS - Powerhouse for Growth in Sensors, Actuators and Control Systems (2nd Edition). Frost & Sullivan Report - D228, 2001.

[67] FROST & SULLIVAN LTD.: Piezoelectric Materials and Devices - Spurring Smart Material Markets and Applications. Frost & Sullivan Report - D221, 2001.

[68] FROST &SULLIVAN LTD.: European Market for next Generation - Diesel Engine Technologies. Frost &Sullivan Report - B389-18, 2004.

[69] FURUTA, A.; UCHINO, K.: Dynamic Observation of Crack Propagation in Piezoelectric Multilayer Actuators. *J. Am. Ceramic Soc.* 76 (1993) 6, S. 1615–1617.

[70] GEBHARDT, S.: Summary High Temperature Modules, report EU-Project In-MAR, 2006.

[71] GEBHARDT, S.; SCHÖNECKER, A.; BRUCHMANN, C.; BECKERT, E.; RODRIGUES, G.; BASTAITS, R.; PREUMONT, A.: Active Optical Structures by Use of PZT Thick Films. In: *Ceramic Interconnect and Ceramic Microsystems Technology (CICMT)*, S. 87–93, 2008.

[72] GEDAPROJECT: gEDA Tool Suite On-Line Documentation. http://geda.seul. org/wiki/, 10. Oktober 2011.

[73] GNOME PROJECT: PyGTK - GTK for Python. http://www.pygtk.org, 10. Oktober 2011.

[74] GNUCAP PROJECT: Gnucap - GNU Circuit Analysis Package. http://www. gnucap.org/dokuwiki/doku.php?id=gnucap:start, 10. Oktober 2011.

[75] GÖDEKE, D.; KIERMAYER, S.: Bleifreies Glaskomposit mit niedrigem Wärmeausdehnungskoeffizienten, Verfahren zur Herstellung und Verwendung. DE102007031317B4, patent, 05.07.2007.

[76] GOMEZ-VERDEJO, V.; VERLEYSEN, M.; FLEURY, J.: *Information-Theoretic Feature Selection for the Classification of Hysteresis Curves*, Bd. 4507/2007. Springer-Verlag, 2007.

[77] GONZALEZ, R. C.; WOODS, R. E.: *Digital Image Processing*. Pearson Prentice Hall, 3rd Aufl., 2008.

[78] GTK PROJECT: GTK Toolkit and Library. http://www.gtk.org, 10. Oktober 2011.

[79] HAERTLING, G. H.: Ferroelectric Ceramics: History and Technology. *J.Am.Ceram. Soc.* 82 (1999) 4, S. 797–818.

[80] HALL, D. A.: Review: Nonlinearity in Piezoelectric Ceramics. *Journal of Material Science* 36 (2001), S. 4575–4601.

[81] HANSELKA, H.; KRITZER, S.; BEIN, T.: InMAR - Intelligent Materials for Active Noise Reduction (6th Framework Programme of the European Commission, NMP2-CT-2003-501084). http://www.inmar.info, 10. Oktober 2010.

[82] HAO, T. H.; GONG, X.; SUO, Z.: Fracture Mechanics for the Design of Ceramic Multilayer Actuators. *Journal of the Mechanics and Physics of Solids* 44 (1996) 1, S. 23–48.

[83] HARMON, L.: Experiment Planning for Combinatorial Materials Discovery. *Journal of Material Science* 38 (2003), S. 4479 – 4485.

[84] HARMS, A.; DENKENA, B.; LHERMET, N.: Tool Adapter for Active Vibration Control in Turning Operations. *9th International Conference on New Actuators, Bremen, 2004* .

[85] HEGEWALD, T.: *Modellierung des nichtlinearen Verhaltens piezokeramischer Aktoren.* Dissertation, Technische Fakultät, Universität Erlangen-Nürnberg, 2007.

[86] HEIMER, T.; WERNER, M. (Hg.): *Die Zukunft der Mikrosystemtechnik.* Weinheim: WILEY-VCH Verlag, 2004.

[87] HELKE, G.: Piezoelektrische Keramiken: Physikalische Eigenschaften, Zusammensetzung, Herstellungsprozeß, Kenngrößen und praktische Anwendungen. *Keramische Zeitschrift* 51/52 (1999/2000) 12/1.

[88] HENNIG, E.; DITAS, P.; KOPSCH, D.; WIERACH, P.; LINKE, S.: Piezocomposite d_{33}-Actuators Based on Multilayer Technology. 5th Annual Energy Harvesting Workshop, Roanoke, USA, 2010.

[89] HERBER, R.: High Throughput Screening of Piezoelectric Response of Ferroelectric Thin Films with Automated Scanning Probe Microscopy. *Thin Solid Films* 516 (2008) 23, S. 8609–8612.

[90] VON HIPPEL, A.: *Dielectric Materials and Applications*. Artech House, Boston, London: org. Technology Press MIT (1954), 1995.

[91] HOOK, A. L.; ANDERSON, D. G.; LANGER, R.; WILLIAMS, P.; DAVIES, M. C.; ALEXANDER, M. R.: High Throughput Methods Applied in Biomaterial Development and Discovery. *Biomaterials* 31 (2010) 2, S. 187–198.

[92] IEEE: An American National Standard IEEE Standard Definitions of Terms Associated with Ferroelectric and Related Material. *IEEE Transactions on Ultrasonics, Ferroelectrics and Frequency Control* 50 (2003) 12.

[93] IKEDA, T.: *Fundamentals of Piezoelectricity*. Oxford: Oxford University Press, 1990.

[94] ISERMANN, R.: *Mechatronische Systeme: Grundlagen*. Berlin: Springer, 1999.

[95] J. KOTHMEIR (TELEMETER ELECTRONIC GMBH): PTFE High Voltage Cable. AWG22/7/30SPCX3.0CRRDS&J,TE-Art.No.35865, 2007.

[96] JAIN, A. K.: Data Clustering: 50 Years Beyond K-Means. *Pattern Recognition Letters* 31 (2010) 8, S. 651–666.

[97] JELITTO, H.; FELTEN, F.; SCHNEIDER, G. A.: Experimenteller Aufbau zur Messung der Energiefreisetzungsrate für Risswachstum in PZT unter elektromechanischer Last. In: *Tagungsband des 37. DVM-Arbeitskreises Bruchvorgänge* (ARBEITSBEREICH TECHNISCHE KERAMIK, Hg.), DVM, 2005.

[98] JIA, C.-L.; MI, S.-B.; URBAN, K.; VREJOIU, I.; ALEXE, M.; HESSE, D.: Atomic-Scale Study of Electric Dipoles Near Charged and Uncharged Domain Walls in Ferroelectric Films. *Nature Materials* 7 (2008) 1, S. 57–61.

[99] JOHNSON, C.: A Survey of Logic Formalisms to Support Mishap Analysis. *Reliability Engineering and System Safety* 80 (2003) 3, S. 271–291.

[100] JUAN, D.; JIN-FENG, W.; LI-MEI, Z.; CHUN-MING, W.; PENG, Q.; GUO-ZHONG, Z.: KNN Based Lead-Free Piezoceramics with Improved Thermal Stability. *Chinese Physics Letters* 26 (2009) 2, S. 027701–1 – 027701–4.

[101] JUNGK, T.: *Untersuchung der Abbildungsmechanismen ferroelektrischer Domänen mit dem Rasterkraftmikroskop.* Dissertation, Mathematisch-Naturwissenschaftliche Fakultät, Rheinische Friedrich-Wilhelms-Universität Bonn, 2006.

[102] KEITEL, U.; SCHÖNECKER, A.: HTE-Prüfstand für die kombinatorische Materialentwicklung. In: *Jahresbericht*, Dresden: Fraunhofer IKTS, 2006.

[103] KING, R. D.; LIAKATA, M.; LU, C.; OLIVER, S. G.; SOLDATOVA, L. N.: On the Formalization and Reuse of Scientific Research. *Journal of the Royal Society, Interface / the Royal Society* (2011).

[104] KING, R. D.; ROWLAND, J.; OLIVER, S. G.; YOUNG, M.; AUBREY, W.; BYRNE, E.; LIAKATA, M.; MARKHAM, M.; PIR, P.; SOLDATOVA, L. N.; SPARKES, A.; WHELAN, K. E.; CLARE, A.: The Automation of Science. *Science* 324 (2009) 5923, S. 85–89.

[105] KITTEL, C.: *Einführung in die Festkörperphysik.* München: Oldenbourg Verlag, 14. Aufl., 2005.

[106] KLAWONN, F.; HÖPPNER, F.: An Alternative Approach to the Fuzzifier in Fuzzy Clustering to Obtain Better Clustering Results. In: *3rd Eusflat Conference*, S. 730–734, Hochschule Zittau, 2003.

[107] KOCH, J. (Hg.): *Piezoxide (PXE) - Eigenschaften und Anwendung.* Heidelberg: Dr. Alfred Hüthig Verlag, 1988.

[108] KUDRASS, T. (Hg.): *Taschenbuch Datenbanken.* Leipzig: Carl Hanser Verlag, 2007.

[109] KUMAR, L.; AMIN, A.; BANSAL, A. K.: An Overview of Automated Systems Relevant in Pharmaceutical Salt Screening. *Drug Discov. Today* 12 (2007) 23-24, S. 1046–53.

[110] KUNA, M.: Fracture Mechanics of Piezoelectric Materials – Where Are We Right Now? *Engineering Fracture Mechanics* 77 (2010) 2, S. 309–326.

[111] KUNGL, H.: *Dehnungsverhalten von morphotropem PZT*. Dissertation, Universität Karlsruhe, Germany, 2005.

[112] KUNGL, H.; FETT, T.; WAGNER, S.; HOFFMANN, M. J.: Nonlinearity of Strain and Strain Hysteresis in Morphotropic LaSr-Doped Lead Zirconate Titanate under Unipolar Cycling with High Electric Fields. *Journal of Applied Physics* 101 (2007) 4, S. 044101–1 – 044101–9.

[113] KUO, C.-H.; HUANG, H.-P.: Failure Modeling and Process Monitoring for Flexible Manufacturing Systems Using Colored Timed Petri Nets. *IEEE Transactions on Robotics and Automation* 16 (2000) 3, S. 301–312.

[114] KYRANOS, J. N.; CAI, H.; WEI, D.; GOETZINGER, W. K.: High-Throughput High-Performance Liquid Chromatography/Mass Spectrometry for Modern Drug Discovery. *Current Opinion in Biotechnology* 12 (2001) 1, S. 105–111.

[115] LEE, J.-S.; JOO, S.-K.: The Problem Originating from the Grain Boundaries in Dielectric Storage Capacitors. In: *Semiconductor Device Research Symposium (IEEE)*, S. 165–168, 2001.

[116] LESLIE LAMPORT: LaTeX- A Document Preparation System. http://www.latex-project.org/, 10. Oktober 2011.

[117] LI, S.-P.; CAO, W.-W.; CROSS, L.: Extrinsic Nature of Nonlinear Behavior Observed in Lead Zirconate Titanate Ferroelectric Ceramics. *Journal of Applied Physics* 69 (1991) 10, S. 7219–7224.

[118] LIN, J.; CHAN, J.: On the Resistance of Silver Migration in Ag-Pd Conductive Thick Films under Humid Environment and Applied D.C. Field. *Materials Chemistry and Physics* 43 (1996) 3, S. 256–265.

[119] LINEAR TECHNOLOGY INC.: scad3. http://www.linear.com/designtools/software/, 10. Oktober 2011.

[120] LIPSCOMB, I.; WEAVER, P.; SWINGLER, J.; MCBRIDE, J.: The Effect of Relative Humidity, Temperature and Electrical Field on Leakage Currents in Piezo-Ceramic Actuators under DC Bias. *Sensors and Actuators A: Physical* 151 (2009) 2, S. 179–186.

[121] LOOSE, T.; DIETERLE, J.; MIKUT, R.; RUPP, R.; ABEL, R.; SCHABLOW-SKI, M.; BRETTHAUER, G.; GERNER, H. J.: Automatisierte Interpretation von Zeitreihen am Beispiel von klinischen Bewegungsanalysen. *at – Automatisierungstechnik* (2004) 52, S. 359–369.

[122] LUBITZ, K.; SCHUH, C.; STEINKOPFF, T.; WOLFF, A.: *Piezoelectric Materials in Devices*, Kap. Material Aspects for Reliability and Life Time of PZT Multilayer Actuators, S. 183–194. Lausanne, 2002.

[123] DOS SANTOS E LUCATO, S. L.: *Constraint-Induced Crack Initiation and Crack Growth at Electrode Edges in Piezoelectric Ceramic.* Dissertation, Technischen Universität Darmstadt, 2002.

[124] LUNZE, K.: *Theorie der Wechselstromschaltung*, Bd. 5. Berlin: VEB Verlag Technik, 1984.

[125] MACQUEEN, J. B.: Some Methods for classification and Analysis of Multivariate Observations. In: *Proceedings of 5-th Berkeley Symposium on Mathematical Statistics and Probability*, S. 281–297, Berkeley, Ca (USA): University of California Press, 1967.

[126] MAEDER, M. D.; DAMJANOVIC, D.; SETTER, N.: Lead Free Piezoelectric Materials. *Journal of Electroceramics* 13 (2004), S. 385–392.

[127] MAIER, W.; STÖWE, K.; SIEG, S.: Kombinatorische und Hochdurchsatz-Techniken in der Materialforschung. *Angewandte Chemie* 119 (2007) 32, S. 6122–6179.

[128] MASARATI, P.: RTAI - the Real Time Application Interface for Linux from DIAPM. https://www.rtai.org, 10. Oktober 2011.

[129] MATHWORKS ®: MATLAB. http://www.mathworks.de/products/matlab/, 10. Oktober 2011.

[130] MATPLOTLIB PROJECT: Python 2D Plotting Library. http://matplotlib.sourceforge.net, 10. Oktober 2011.

[131] MCFARLAND, E. W.; WEINBERG, W. H.: Combinatorial Approaches to Materials Discovery. *Trends in Biotechnology (Tibtech)* 17 (1999) March, S. 107–115.

[132] MENTGES, M.: *Entwicklung kombinatorischer Verfahren zur Optimierung der Prozessparameter bei der solvothermalen Herstellung von Isomerisierungskatalysatoren.* Dissertation, Universität des Saarlandes, Saarbrücken, 2008.

[133] MENTGES, M.; SIEG, S.; SCHRÖTER, C.; FRANTZEN, A.; MAIER, W.: Centralized Data Management in Materials Research Projects with Several Partners at Different Locations. *QSAR and Combinatorial Science* 27 (2008) 2, S. 187–197.

[134] MIKUT, R.: Gait-CAD (Data Mining for MATLAB). `http://sourceforge.net/projects/gait-cad/`, 10. Oktober 2011.

[135] MIKUT, R.: *Data Mining in der Medizintechnik*, Bd. 22 von *Schriftenreihe des Instituts für Angewandte Informatik / Automatisierungstechnik an der Universität Karlsruhe (TH)*. Universitätsverlag Karlsruhe, 2008.

[136] MIKUT, R.; BURMEISTER, O.; REISCHL, M.; LOOSE, T.: Die MATLAB-Toolbox Gait-CAD. In: *16. Workshop Computational Intelligence*, S. 114–124, Universitätsverlag Karlsruhe, 2006.

[137] MIKUT, R.; REISCHL, M.; ULRICH, A. S.; HILPERT, K.: Data-Based Activity Analysis and Interpretation of Small Antibacterial Peptides. In: *18. Workshop Computational Intelligence*, S. 189–203, Universitätsverlag Karlsruhe, 2008.

[138] MIT: The MIT License. `http://opensource.org/licenses/mit-license.php`, 10. Oktober 2011.

[139] MORE, J. J.; GARBOW, B. S.; HILLSTROM, K. E.: User Guide for MINPACK. `http://www.mcs.anl.gov/~more/ANL8074a.pdf`, 1980 (10. Oktober 2011).

[140] MORGAN ELECTRO CERAMICS: Morgan Crossreference (Material Properties Table). 2004.

[141] MÜLLER-FIEDLER, R.; WAGNER, U.; BERNHARD, W.: Reliability of MEMS - a Methodical Approach. *Microelectronics Reliability* 42 (2002), S. 1771–1776.

[142] NETWORKX DEVELOPERS: NetworkX - High Productivity Software for Complex Networks. http://networkx.lanl.gov, 10. Oktober 2011.

[143] NEUGEBAUER, R.: DFG-Sonderforschungsbereich Transregio 39 (PT-PIESA). http://www.pt-piesa.tu-chemnitz.de/P_2/de/index.php, dFG - TU Chemnitz, 10. Oktober 2011.

[144] NEUGEBAUER, R.; DENKENA, B.; WEGENER, K.: Mechatronic Systems for Machine Tools. *CIRP Annals - Manufacturing Technology* 56 (2007) 2, S. 657–686.

[145] NEUGEBAUER, R.; STOLL, A.: Ultrasonic Application in Drilling. *Journal of Materials Processing Technology* 149 (2004) 1-3, S. 633–639.

[146] NEUGEBAUER, R.; WITTSTOCK, V.; GEBHARDT, S.; SCHÖNECKER, A.: Strukturintegrierte Aktorik im Maschinenbau. In: *Adaptronic Congress*, S. 242–249, Göttingen, 2005.

[147] NIENTIEDT, M.: Piezokeramiken - High Tech im Alltag. Leipzig, 2002.

[148] NITZSCHE, M.: *Graphen für Einsteiger*. Vieweg + Teubner, 2009.

[149] NOLTEMEIER, H.: *Graphentheorie: mit Algorithmen und Anwendungen*. Berlin: Walter de Gruyter, 1975.

[150] NUFFER, J. .; KOHLRAUTZ, D.; BRÜCKNER, B.; SCHÖNECKER, A.; MICHELIS, P.; ADARRAGA, O.; NUSSMANN, C.; NAAKE, A.; SCHMIDT, K.; HAN, S.; WOLF, K.: Reliability Investigation of Adaptive Systems for Noise Reduction on System and Material Level. In: *Adaptronic Congress*, S. 155–164, Göttingen, 2008.

[151] NUFFER, J.; MELZ, T.; PFEIFFER, T.; BRÜCKNER, B.; SCHÖNECKER, A.: Piezoelectric Composites: Application and Reliability in Adaptronics. *ISPA, Dresden, 2009* .

[152] NUFFER, J.; SCHÖNECKER, A.; BRÜCKNER, B.; KOHLRAUTZ, D.; MICHELIS, P.; ADARRAGA, O.; WOLF, K.: Reliability Investigation of Piezoelectric Macro

Fibre Composite (MFC) Actuators. In: *Adaptronic Congress*, S. 26–35, Göttingen, 2007.

[153] OBJECT MANAGEMENT GROUP INC.: Unified Modeling Language - UML. http://www.uml.org/, 10. Oktober 2011.

[154] OPPERMANN, M.; LENK, A.; SCHONECKER, A.; SCHUH, C.; ZERNA, T.; WOLTER, K.-J.: Electronics Packaging for High Reliable Piezoactuators. In: *2007 9th Electronics Packaging Technology Conference*, S. 400–405, 2007.

[155] PANASONIC: High Voltage Ceramic Disc Capacitors (Datasheet). 2000.

[156] PEIFFER, F.; CHUDOBA, R.: Formalisation and Implementation of Collaborative Material Research Process. *Advances in Engineering Software* 39 (2008) 2, S. 107–120.

[157] PERTSCH, P.: *Das Großsignalverhalten elektromechanischer Festkörperaktoren*. Dissertation, Technische Universität Ilmenau, Germany, 2003.

[158] PERTSCH, P.; RICHTER, S.; KOPSCH, D.; KRÄMER, N.; POGODZIK, J.; HENNIG, E.: Reliability of Piezoelectric Multilayer Actuators. *10th International Conference on New Actuators, Bremen, 2006* .

[159] PETRI, C. A.: Introduction to General Net Theory. In: *Lecture Notes in Computer Science - Net Theory and Applications: Proceedings of the Advanced Course on General Net Theory of Processes and Systems* (BRAUER, W., Hg.), S. 1–19, Springer, 1980.

[160] PETRI, C. A.: State-Transition Structures in Physics and in Computation. *International Journal of Theoretical Physics* 21 (1982) 12, S. 979–992.

[161] PHYSIK INSTRUMENTE (PI) GMBH & CO. KG: Semiconductor Technology. 2007.

[162] PI CERAMIC GMBH: Datasheet - Piezoceramic Materials (PZT). 2005.

[163] PI CERAMIC GMBH: Die ganze Welt der Piezotechnologie. 2009.

[164] PI CERAMIC GMBH: Datasheet - Multilayer Piezo Stack Actuator. 2010.

[165] PIEZO SYSTEMS INC.: Piezo Actuators. http://www.piezo.com/tech2intropiezotrans.html, 10. Oktober 2011.

[166] PLATZ, R.; MAYER, D.; NUFFER, J.; THOMAIER, M.; WOLF, K.: FMEA zur qualitativen Bemessung der Zuverlässigkeit eines aktiven Interfaces zur Schwingungsreduktion in PKW. Tagung Technische Zuverlässigkeit (TTZ), Stuttgart, 2007.

[167] PMZ: Deutscher Zukunftspreis 2005 für Piezo-Injektoren. http://www.heise.de/newsticker/meldung/66063, 10. Oktober 2011.

[168] POTYRAILO, R. A.; TAKEUCHI, I.: Role of High-Throughput Characterization tools in Combinatorial Materials Science. *Measurement Science and Technology* 16 (2004) 1, S. 1–4.

[169] PRITCHARD, J.: Time-Temperature Profiles of Multi-Layer Actuators. *Sensors and Actuators A: Physical* 115 (2004) 1, S. 140–145.

[170] PRITCHARD, J.; BOWEN, C. R.; LOWRIE, F.: Multilayer Actuators: Review. *British Ceramic Transaction* 100 (2001) 6, S. 265–273.

[171] PRUME, K.; TIEDKE, S.; SCHMITZ-KEMPEN, T.: Piezoelectric Thin-Film Characterization for MEMS Applications - Double-Beam and Four-Point. *Mikroniek (Dutch Society for Precision Engineering - DSPE)* (2010) 4, S. 31–35.

[172] PYTHON SOFTWARE FOUNDATION: pickle - Python Object Serialization. http://docs.python.org/library/pickle.html, 10. Oktober 2011.

[173] PYTHON SOFTWARE FOUNDATION: Python Programming Language. www.python.org, 10. Oktober 2011.

[174] RABAEY, J. M.: Spice3f5 - The Spice Page (University Berkeley). http://bwrc.eecs.berkeley.edu/Classes/IcBook/SPICE/, 10. Oktober 2011.

[175] REICHERT, M.: Piezoaktoren in der Ventilvorsteuerung - Hochdynamisches hydraulisches Servoventil. *O+P* (2006), S. 2–6.

[176] RENDE, D.: *Hochdurchsatzverfahren zur Entdeckung neuer Piezoelektrischer Materialien mittels der Ultraschall-Kraftmikroskopie.* Dissertation, Naturwissenschaftlichen-Technischen Fakultät III Chemie, Pharmazie, Bio- und Werkstoffwissenschaften, Universität des Saarlandes, 2008.

[177] RENDE, D.; SCHWARZ, K.; RABE, U.; MAIER, W.; ARNOLD, W.: Combinatorial Synthesis of Thin Mixed Oxide Films and Automated Study of their Piezoelectric Properties. *Progress in Solid State Chemistry* 35 (2007) 2-4, S. 361.

[178] RÖDEL, J.; JO, W.; SEIFERT, K. T. P.; ANTON, E.-M.; GRANZOW, T.; DAMJANOVIC, D.: Perspective on the Development of Lead-free Piezoceramics. *Journal of the American Ceramic Society* 92 (2009) 6, S. 1153–1177.

[179] RÖDIG, T.; SCHÖNECKER, A.; GERLACH, G.: A Survey on Piezoelectric Ceramics for Generator Applications. *Journal of the American Ceramic Society* 93 (2010) 4, S. 901–912.

[180] ROSENSTENGEL, B.; WINAND, U.: *Petri-Netze: Eine anwendungsorientierte Einführung.* Programm Angewandte Informatik, Vieweg, 4. Aufl., 1991.

[181] VAN ROSSUM, G.: Python License. `http://www.python.org/download/releases/2.6.2/license`, 10. Oktober 2011.

[182] ROTHE, R.: *Höhere Mathematik - Teil I.* Leipzig, DDR: B.G.Teubner Verlagsgesellschaft, 20. Aufl., 1962.

[183] RUSCHMEYER; HELKE; KOCH; LUBITZ; MÖCKL; PETERSEN; RIEDEL; SCHÖNECKER: *Piezokeramik - Grundlagen, Werkstoffe, Applikationen.* Renningen-Malmsheim: Expert Verlag, 1995.

[184] RUTKOWSKI, L.: *Computational Intelligence - Methods and Techniques.* Berlin Heidelberg: Springer-Verlag, 2008.

[185] SACHS, H.: *Einführung in die Theorie der endlichen Graphen,* Bd. 44 von *Mathematisch-Naturwissenschaftliche Bibliothek.* Teubner Verlag, teil ii Aufl., 1972.

[186] SAUPE, M.; FÖDISCH, R.; SUNDERMANN, A.; SCHUNK, S.; FINGER, K.-E.: Requirements and Solution Approaches for Software Architectures Supporting High-Throughput Experimentation. *QSAR and Combinatorial Science* 24 (2005) 1, S. 66–77.

[187] SAWYER, C. B.; TOWER, C. H.: Rochelle Salt as a Dielectric. *Phys. Rev.* 35 (1930) 3, S. 269–273.

[188] SCHÖNECKER, A.; BRÜCKNER, B.; RÖDIG, T.; GEBHARDT, S.: Piezoaktorik für Adaptronik-Komponenten. *4. Chemnitzer Produktionstechnisches Kolloquium (CPK), Chemnitz, 2004* .

[189] SCHÖNECKER, A.; GESEMANN, H.; SEFFNER, L.: Low-Sintering PZT-Ceramics for Advanced Actuators. In: *ISAF - 10th IEEE Int. Symp. Appl. Ferroelectrics*, S. 263–266, 1996.

[190] SCHÖNECKER, A. J.; DAUE, T.; BRÜCKNER, B.; FREYTAG, C.; HAHNE, L.; RÖDIG, T.: Overview on Macrofiber Composite Applications. In: *SPIE - Smart Structures and Materials, Vol. 6170*, S. 61701K1– 61701K8, 2006.

[191] SCHÖNECKER, A. J.; GEBHARDT, S. E.; RÖDIG, T.; KEITEL, U.; BRÜCKNER, B.; SCHNETTER, J.; DAUE, T.: Piezocomposite Transducers for Automotive Applications. *SENSACT - Sensors and Actuators for Advanced Automotive Applications (ESIEE Noisy-le-Grand), Paris, 2005* .

[192] SCHÖNECKER, A. J.; GEBHARDT, S. E.; RÖDIG, T.; KEITEL, U.; BRÜCKNER, B.; SCHNETTER, J.; DAUE, T.: Piezocomposite Transducers for Smart Structures Applications. In: *SPIE - Smart Structures and Materials, Vol. 5764*, S. 34–41, 2005.

[193] SCHROETER, C.: High Throughput Screening of Ferroelectric Thin Film Libraries. *Journal of Applied Physics* 100 (2006) 11, S. 114114–1 – 114114–7.

[194] SCHRÖTER, C. C.: *A High Throughput Method for the Development of Piezoelectric Lead-Free Thin Films*. Dissertation, Technische Universität Dresden, 2007.

[195] SCHUH, C.; HENNIG, E.; KYNAST, A.; KOLLE, B.; BENKERT, K.; BATHELT, R.; SOLLER, T.; HOFMANN, M.: Lead-Free Piezoceramic Actuators for Extended Operation Temperature Range. *ISPA, Dresden, 2009* .

[196] SCHÜTH, F.; BAUMES, L.; CLERC, F.; DEMUTH, D.; FARRUSSENG, D.; LLAMASGALILEA, J.; KLANNER, C.; KLEIN, J.; MARTINEZJOARISTI, A.; PROCELEWSKA, J.: High Throughput Experimentation in Oxidation Catalysis: Higher Integration and "Intelligent" Software. *Catalysis Today* 117 (2006) 1-3, S. 284–290.

[197] SCILAB CONSORTIUM (DIGITEO): Xcos, Hybrid Dynamic Systems Modeler and Simulator. http://www.scilab.org/products/xcos, 10. Oktober 2010.

[198] SCIPY PROJECT: Scientific Tools for Python. http://www.scipy.org, 10. Oktober 2011.

[199] SCONS FOUNDATION: Software Construction Tool. http://www.scons.org, 10. Oktober 2011.

[200] SCOTT, D. J.: *The Discovery of New Functional Oxides Using Combinatorial Techniques and Advanced Data Mining Algorithms*. Dissertation, Department of Chemistry - University College London, University of London, 2008.

[201] SCOTT, D. J.; MANOS, S.; COVENEY, P. V.; ROSSINY, J. C. H.; FEARN, S.; KILNER, J. A.; PULLAR, R. C.; ALFORD, N. M. N.; AXELSSON, A.-K.; ZHANG, Y.; CHEN, L.; YANG, S.; EVANS, J. R. G.; SEBASTIAN, M. T.: Functional Ceramic Materials Database: An Online Resource for Materials Research. *J. Chem. Inf. Model.* (2008) 48, S. 449–455.

[202] SEBZALLI, Y. M.; WANG, X. Z.: Knowledge Discovery from Process Operational Data Using PCA and Fuzzy Clustering. *Engineering Applications of Artificial Intelligence* 14 (2001) 5, S. 607–616.

[203] SENOUSY, M. S.; RAJAPAKSE, R. K. N. D.; MUMFORD, D.; GADALA, M. S.: Self-Heat Generation in Piezoelectric Stack Actuators Used in Fuel Injectors. *Smart Materials and Structures* 18 (2009) 4, S. 045008–1 – 045008–11.

[204] SINGH, K.: PC Based Ferroelectric Analyzer Using Modified Sawyer and Tower Circuit. *Ferroelectrics* 189 (1996), S. 9–15.

[205] SMITH, S. W.: *Digital Signal Processing - A Practical Guide for Engineers and Scientists*. Amsterdam: Newness (Elsevier), 2003.

[206] SONG, J. S.; JEONG, S. J.: Effect of Geometric Factor on Characteristics in Multilayer Ceramic Actuators. *Materials Science Forum* 426-432 (2003), S. 2225–2230.

[207] STEGK, T. A.: Investigation of Phase Boundaries in the System $(K_xNa_{1-x})_{1-y}Li_y(Nb_{1-z}Ta_z)O_3$ Using high-Throughput Experimentation (HTE). *Journal of the European Ceramic Society* 29 (2009) 9, S. 1721–1727.

[208] STEGK, T. A.; MGBEMERE, H.; HERBER, R.-P.; JANSSEN, R.; SCHNEIDER, G. A.: Investigation of Phase Boundaries in the System $(K_xNa_{1-x})_{1-y}Li_y(Nb_{1-z}Ta_z)O_3$ Using High-Throughput Experimentation (HTE). *Journal of the European Ceramic Society* 29 (2009) 9, S. 1721–1727.

[209] STÖHR, F.: *Die GNU Autotools*. Böblingen: CL - Computer und Literaturverlag, 2007.

[210] SUN, Z.; PAN, D.; WEI, J.; WONG, C.: Ceramics Bonding Using Solder Glass Frit. *Journal of Electronic Materials* 33 (2004) 12, S. 1516–1523.

[211] SUO, Z.: Stress and Strain in Ferroelectrics. *Current Opinion in Solid State and Materials Science* 3 (1998) 5, S. 486–489.

[212] SWIG PROJECT: SWIG - an Interface Compiler. `http://www.swig.org`, 10. Oktober 2011.

[213] TAKENAKA, T.; NAGATA, H.; HIRUMA, Y.; YOSHII, Y.; MATUMOTO, K.: Lead-Free Piezoelectric Ceramics Based on Perovskite Structures. *Journal of Electroceramics* 19 (2007) 4, S. 259–265.

[214] THE MATHWORKS INC.: Simulink - Simulation and Model-Based Design. `http://www.mathworks.com/products/simulink/`, 10. Oktober 2011.

[215] THONGRUENG, J.; TSUCHIYA, T.; NAGATA, K.: Lifetime and Degradation Mechanism of Multilayer Ceramic Actuator. *Jap. J. Appl. Phys.* 37 (1998) 9B, S. 5306–5310.

[216] TOKUYAMA, M.; SHIMIZU, T.; MASUDA, H.; NAKAMURA, S.; MASAO HANYA, O. I.; SOGA, J.: Development of a Φ-Shaped Actuated Suspension for 100-kTPI Hard Disk Drives. *IEEE Transactions Magnetics* 37 (2001) 4, S. 1884–1886.

[217] TÖPFER, M.: Untersuchung der dielektrischen, piezoelektrischen und ferroelektrischen Eigenschaften von $(Bi_{0,5}Na_{0,5}TiO_3 - BaTiO_3)$ basierenden bleifreien piezokeramischen Werkstoffen. Diplomarbeit, FH Koblenz, 2007.

[218] TRAEGER, D. H.: *Einführung in die Fuzzy-Logik.* Stuttgart: Teubner, 2. Aufl., 1994.

[219] TYCO INC.: TYPE HB Series Resistors (Datasheet). 2009.

[220] UCHINO, K.; ZHENG, J. H.; CHEN, Y. H.; DU, X. H.; RYU, J.; GAO, Y.; URAL, S.; PRIYA, S.; HIROSE, S.: Loss Mechanisms and High Power Piezoelectrics. *Journal of Materials Science* 41 (2006) 1, S. 217–228.

[221] ULRICH, A.; GÜTTEL, K.; FAY, A.: Durchgängige Prozesssicht in unterschiedlichen Domänen - Methoden und Werkzeug zum Einsatz der formalisierten Prozessbeschreibung. *at - Automatisierungstechnik* 57 (2009) 2, S. 80–92.

[222] VARDE, A. S.; BEGLEY, E. F.; FAHRENHOLZ-MANN, S.: MatML: XML for Information Exchange with Materials Property Data. 2006.

[223] WANG, H.; WERESZCZAK, A. A.; LIN, H.-T.: Fatigue Response of a PZT Multilayer Actuator under High-Field Electric Cycling with Mechanical Preload. *Journal of Applied Physics* 105 (2009) 1, S. 014112–1 – 014112–14.

[224] WANG, Q.; RAUPERT, C.; MELBERT, J.: *Charakterisierung und Modellierung von Hochleistungs-Piezoaktuatoren für Kfz-Einspritzsysteme*, Bd. 45 von *Simulation und Test in der Funktions- und Softwareentwicklung für die Automobilelektronik.* Expert Verlag, 2005.

[225] WANG, X. Z.; PERSTON, B.; YANG, Y.; LIN, T.; DARR, J. A.: Robust QSAR Model Development in High-Throughput Catalyst Discovery Based on Genetic Parameter Optimisation. *Chemical Engineering Research and Design* 87 (2009) 10, S. 1420–1429.

[226] WEITZING, H.: *Schadensphänomene und bruchmechanische Charakterisierung piezokeramischer Multilayeraktoren.* Dissertation, Technische Universität Hamburg-Harburg, Germany, 2000.

[227] WIERACH, P.: Entwicklung Multifunktionaler Werkstoffsysteme mit piezokeramischen Folien im Leitprojekt Adaptronik. In: *Adaptronic Congress*, S. 265–274, Göttingen, 2003.

[228] WILLIAMS, R. B.; INMAN, J.; WILKIE, W. K.: Temperature-Dependent Coefficients of Thermal Expansion in Macro Fiber Composite Actuators. *Journal of Thermal Stresses* 27 (2004) 10, S. 903–916.

[229] WITTSTOCK, V.: *Piezobasierte Aktor-Sensor-Einheit zur uniaxialen Schwingungskompensation in Antriebssträngen von Werkzeugmaschinen.* Dissertation, Fakultät für Maschinenbau, Technische Universität Chemnitz, 2006.

[230] WORLD WIDE WEB CONSORTIUM (W3C): Standards - XML Technology. `http://www.w3.org/standards/xml/`, 10. Oktober 2010.

[231] XIANG, W.; CHEN, W. P.; YOU, W. C.; CHAN, H. L. W.; LI, L. T.: Degradation of Lead Zirconate Titanate Piezoelectric Ceramics Induced by Water and AC Voltages. *Key Engineering Materials* 336-338 (2007), S. 367–370.

[232] XU, Y.: *Ferroelectric Materials and their Applications*, Bd. 1 von *Elsevier Science Publishers*. North Holland, 1991.

[233] YANG, S.: A Condition-Based Failure-Prediction and Processing-Scheme for Preventive Maintenance. *IEEE Transactions on Reliability* 52 (2003) 3, S. 373–383.

[234] YANG, W.; SUO, Z.: Cracking in Ceramic Actuators Caused by Electrostriction. *Journal of the Mechanics and Physics of Solids* 42 (1994) 4, S. 649–663.

[235] YOUNG, D.; CHRISTOU, A.: Failure Mechanism Models for Electromigration. *IEEE Transactions on Reliability* 43 (1994) 2, S. 186–192.

[236] ZADEH, L. A.: Fuzzy Sets. *Information and Control* (1965) 8, S. 338–353.

[237] ZHA, X. F.; SRIRAM, R. D.; GUPTA, S. K.: Information and Knowledge Modelling for Computer Supported Micro Electro-Mechanical Systems Design and Development. Long Beach, California, USA, 2005.

[238] ZHANG, S.-T.; KOUNGA, A. B.; AULBACH, E.; EHRENBERG, H.; RÖDEL, J.: Giant Strain in Lead-Free Piezoceramics $Bi_{0.5}Na_{0.5}TiO_3 - BaTiO_3 - K_{0.5}Na_{0.5}NbO_3$ System. *Applied Physics Letters* 91 (2007) 11, S. 112906–1 – 112906–3.

[239] ZHANG, S.-T.; KOUNGA, A. B.; AULBACH, E.; GRANZOW, T.; JO, W.; KLEEBE, H.-J.; RÖDEL, J.: Lead-Free Piezoceramics with Giant Strain in the System $Bi_{0.5}Na_{0.5}TiO_3 - BaTiO_3 - K_{0.5}Na_{0.5}NbO_3$ I. Structure and Room Temperature Properties. *Journal of Applied Physics* 103 (2008) 3, S. 034107–1 – 034107–8.

[240] ZHANG, S.-T.; KOUNGA, A. B.; AULBACH, E.; JO, W.; GRANZOW, T.; EHRENBERG, H.; RÖDEL, J.: Lead-Free Piezoceramics with Giant Strain in the System $Bi_{0.5}Na_{0.5}TiO_3 - BaTiO_3 - K_{0.5}Na_{0.5}NbO_3$ II. Temperature Dependent Properties. *Journal of Applied Physics* 103 (2008) 3, S. 034108–1 – 034108–7.

[241] ZHANG, S.-T.; KOUNGA, A. B.; JO, W.; JAMIN, C.; SEIFERT, K.; GRANZOW, T.; RÖDEL, J.; DAMJANOVIC, D.: High-Strain Lead-Free Antiferroelectric Electrostrictors. *Advanced Materials* 21 (2009) 46, S. 4716–4720.

[242] ZHANG, T.; GAO, C.: Fracture Behaviors of Piezoelectric Materials. *Theoretical and Applied Fracture Mechanics* (2004) 41, S. 339–379.

[243] ZHANG, Y.; LUPASCU, D. C.: Nonlinearity and Fatigue in Ferroelectric Lead Zirconate Titanate. *Journal of Applied Physics* 100 (2006) 5, S. 054109–1 – 054109–8.

[244] ZHOU, D.: *Experimental Investigation of Non-linear Constitutive Behavior of PZT Piezoceramics*. Dissertation, Institut für Materialforschung II, Universität Karlsruhe (TH), 2003.

[245] ZHUKOV, S.; FEDOSOV, S.; GLAUM, J.; GRANZOW, T.; GENENKO, Y. A.; VON SEGGERN, H.: Effect of Bipolar Electric Fatigue on Polarization Switching in Lead-Zirconate-Titanate Ceramics. *Journal of Applied Physics* 108 (2010) 1, S. 014105–1 – 014105–7.

[246] ZICKGRAF, B.; SCHNEIDER, G. A.; ALDINGER, F.: Fatigue Behaviour of Multilayer Piezoelectric Actuators. In: *Proc. 9th IEEE Int. Symp. on Application of Ferroelectrics*, S. 325–328, Piscataway, NJ: IEEE, 1994.

**Bereits veröffentlicht wurden in der Schriftenreihe des
Instituts für Angewandte Informatik / Automatisierungstechnik bei
KIT Scientific Publishing:**

Nr. 1: BECK, S.: Ein Konzept zur automatischen Lösung von Entscheidungsproblemen bei Unsicherheit mittels der Theorie der unscharfen Mengen und der Evidenztheorie, 2005

Nr. 2: MARTIN, J.: Ein Beitrag zur Integration von Sensoren in eine anthropomorphe künstliche Hand mit flexiblen Fluidaktoren, 2004

Nr. 3: TRAICHEL, A.: Neue Verfahren zur Modellierung nichtlinearer thermodynamischer Prozesse in einem Druckbehälter mit siedendem Wasser-Dampf Gemisch bei negativen Drucktransienten, 2005

Nr. 4: LOOSE, T.: Konzept für eine modellgestützte Diagnostik mittels Data Mining am Beispiel der Bewegungsanalyse, 2004

Nr. 5: MATTHES, J.: Eine neue Methode zur Quellenlokalisierung auf der Basis räumlich verteilter, punktweiser Konzentrationsmessungen, 2004

Nr. 6: MIKUT, R.; REISCHL, M.: Proceedings – 14. Workshop Fuzzy-Systeme und Computational Intelligence: Dortmund, 10. - 12. November 2004, 2004

Nr. 7: ZIPSER, S.: Beitrag zur modellbasierten Regelung von Verbrennungsprozessen, 2004

Nr. 8: STADLER, A.: Ein Beitrag zur Ableitung regelbasierter Modelle aus Zeitreihen, 2005

Nr. 9: MIKUT, R.; REISCHL, M.: Proceedings – 15. Workshop Computational Intelligence: Dortmund, 16. - 18. November 2005, 2005

Nr. 10: BÄR, M.: µFEMOS – Mikro-Fertigungstechniken für hybride mikrooptische Sensoren, 2005

Nr. 11: SCHAUDEL, F.: Entropie- und Störungssensitivität als neues Kriterium zum Vergleich verschiedener Entscheidungskalküle, 2006

Nr. 12: SCHABLOWSKI-TRAUTMANN, M.: Konzept zur Analyse der Lokomotion auf dem Laufband bei inkompletter Querschnittlähmung mit Verfahren der nichtlinearen Dynamik, 2006

Nr. 13: REISCHL, M.: Ein Verfahren zum automatischen Entwurf von Mensch-Maschine-Schnittstellen am Beispiel myoelektrischer Handprothesen, 2006

Nr. 14: KOKER, T.: Konzeption und Realisierung einer neuen Prozesskette zur Integration von Kohlenstoff-Nanoröhren über Handhabung in technische Anwendungen, 2007

Nr. 15: MIKUT, R.; REISCHL, M.: Proceedings – 16. Workshop Computational Intelligence: Dortmund, 29. November - 1. Dezember 2006

Nr. 16: LI, S.: Entwicklung eines Verfahrens zur Automatisierung der CAD/CAM-Kette in der Einzelfertigung am Beispiel von Mauerwerksteinen, 2007

Nr. 17: BERGEMANN, M.: Neues mechatronisches System für die Wiederherstellung der Akkommodationsfähigkeit des menschlichen Auges, 2007

Nr. 18: HEINTZ, R.: Neues Verfahren zur invarianten Objekterkennung und -lokalisierung auf der Basis lokaler Merkmale, 2007

Nr. 19: RUCHTER, M.: A New Concept for Mobile Environmental Education, 2007

Nr. 20: MIKUT, R.; REISCHL, M.: Proceedings – 17. Workshop Computational Intelligence: Dortmund, 5. - 7. Dezember 2007

Nr. 21: LEHMANN, A.: Neues Konzept zur Planung, Ausführung und Überwachung von Roboteraufgaben mit hierarchischen Petri-Netzen, 2008

Nr. 22: MIKUT, R.: Data Mining in der Medizin und Medizintechnik, 2008

Nr. 23: KLINK, S.: Neues System zur Erfassung des Akkommodationsbedarfs im menschlichen Auge, 2008

Nr. 24: MIKUT, R.; REISCHL, M.: Proceedings – 18. Workshop Computational Intelligence: Dortmund, 3. - 5. Dezember 2008

Nr. 25: WANG, L.: Virtual environments for grid computing, 2009

Nr. 26: BURMEISTER, O.: Entwicklung von Klassifikatoren zur Analyse und Interpretation zeitvarianter Signale und deren Anwendung auf Biosignale, 2009

Nr. 27: DICKERHOF, M.: Ein neues Konzept für das bedarfsgerechte Informations- und Wissensmanagement in Unternehmenskooperationen der Multimaterial-Mikrosystemtechnik, 2009

Nr. 28: MACK, G.: Eine neue Methodik zur modellbasierten Bestimmung dynamischer Betriebslasten im mechatronischen Fahrwerkentwicklungsprozess, 2009

Nr. 29: HOFFMANN, F.; HÜLLERMEIER, E.: Proceedings – 19. Workshop Computational Intelligence: Dortmund, 2. - 4. Dezember 2009

Nr. 30: GRAUER, M.: Neue Methodik zur Planung globaler Produktionsverbünde unter Berücksichtigung der Einflussgrößen Produktdesign, Prozessgestaltung und Standortentscheidung, 2009

Nr. 31: SCHINDLER, A.: Neue Konzeption und erstmalige Realisierung eines aktiven Fahrwerks mit Preview-Strategie, 2009

Nr. 32: BLUME, C.; JAKOB, W.: GLEAN. General Learning Evolutionary Algorithm and Method: Ein Evolutionärer Algorithmus und seine Anwendungen, 2009

Nr. 33: HOFFMANN, F.; HÜLLERMEIER, E.: Proceedings – 20. Workshop Computational Intelligence: Dortmund, 1. - 3. Dezember 2010

Nr. 34: WERLING, M.: Ein neues Konzept für die Trajektoriengenerierung und -stabilisierung in zeitkritischen Verkehrsszenarien, 2011

Nr. 35: KÖVARI, L.: Konzeption und Realisierung eines neuen Systems zur produktbegleitenden virtuellen Inbetriebnahme komplexer Förderanlagen, 2011

Nr. 36: GSPANN, T. S.: Ein neues Konzept für die Anwendung von einwandigen Kohlenstoffnanoröhren für die pH-Sensorik, 2011

Nr. 37: LUTZ, R.: Neues Konzept zur 2D- und 3D-Visualisierung kontinuierlicher, multidimensionaler, meteorologischer Satellitendaten, 2011

Nr. 38: BOLL, M.-T.: Ein neues Konzept zur automatisierten Bewertung von Fertigkeiten in der minimal invasiven Chirurgie für Virtual Reality Simulatoren in Grid-Umgebungen, 2011

Nr. 39: GRUBE, M.: Ein neues Konzept zur Diagnose elektrochemischer Sensoren am Beispiel von pH-Glaselektroden, 2011

Nr. 40: HOFFMANN, F.; HÜLLERMEIER, E.: Proceedings – 21. Workshop Computational Intelligence: Dortmund, 1. - 2. Dezember 2011

Nr. 41: KAUFMANN, M.: Ein Beitrag zur Informationsverarbeitung in mechatronischen Systemen, 2012

Nr. 42: NAGEL, J.: Neues Konzept für die bedarfsgerechte Energieversorgung des Künstlichen Akkommodationssystems, 2012

Nr. 43: RHEINSCHMITT, L.: Erstmaliger Gesamtentwurf und Realisierung der Systemintegration für das Künstliche Akkommodationssystem, 2012

Nr. 44: BRÜCKNER, B. W.: Neue Methodik zur Modellierung und zum Entwurf keramischer Aktorelemente, 2012

Die Schriften sind als PDF frei verfügbar, eine Nachbestellung der Printversion ist möglich. Nähere Informationen unter www.ksp.kit.edu.